"十三五"
国家重点图书出版规划项目

ISCRI 中国生...
国际智...
国际智慧城市研究院
INTERNATIONAL SMART CITY RESEARCH INSTITUTE

智慧城市实践系列丛...

智慧环保实践

SMART ENVIRONMENT PRACTICE

主　编　易建军
副主编　李恒芳

人民邮电出版社
北 京

图书在版编目（CIP）数据

智慧环保实践 / 易建军主编. -- 北京 ：人民邮电
出版社，2019.3
（智慧城市实践系列丛书）
ISBN 978-7-115-50735-8

Ⅰ．①智… Ⅱ．①易… Ⅲ．①城市环境－环境保护
Ⅳ．①X21

中国版本图书馆CIP数据核字(2019)第019564号

内 容 提 要

全书共三篇，分为13章。第一篇是理论篇，内容为智慧环保概述、智慧环保的支撑技术、智慧环保建设的必要性；第二篇是路径篇，讲述了环保物联网的建设、环保云计算平台建设、环境保护GIS建设、环境数据中心建设、环境监测在线平台（系统）建设、环境监察移动执法系统建设、污染源自动监控系统建设、环保应急指挥系统建设；第三篇是案例篇，通过案例对智慧环保实践进行了解读。通过阅读本书，读者会切身体会到智慧环保建设构成的方方面面和国内外智慧环保的建设成果，以及我国在智慧环保领域的努力方向及建设思路。

◆ 主　　编　易建军
　　副 主 编　李恒芳
　　责任编辑　王建军
　　责任印制　彭志环

◆ 人民邮电出版社出版发行　　北京市丰台区成寿寺路 11 号
　　邮编　100164　电子邮件　315@ptpress.com.cn
　　网址　http://www.ptpress.com.cn
　　大厂聚鑫印刷有限责任公司印刷

◆ 开本：700×1000　1/16
　　印张：19　　　　　　　　　　2019 年 3 月第 1 版
　　字数：382 千字　　　　　　　2019 年 3 月河北第 1 次印刷

定价：98.00 元

读者服务热线：(010)81055488　印装质量热线：(010)81055316
反盗版热线：(010)81055315
广告经营许可证：京东工商广登字 20170147 号

智慧城市实践系列丛书

编 委 会

总　顾　问：徐冠华（中国科学院院士、科技部原部长）

高级顾问：刘燕华（国务院参事、科技部原副部长）

石定寰（国务院原参事，科技部原秘书长、党组成员）

邬贺铨（中国工程院院士）

孙　玉（中国工程院院士）

赵玉芬（中国科学院院士）

刘玉兰（中国生产力促进中心协会理事长）

杨　丹（重庆大学常务副校长、教育部软件工程教学
指导委员会副主任委员、教育部高等学校创业
教育指导委员会委员）

耿战修（中国生产力促进中心协会常务副理事长）

刘维汉（中国生产力促进中心协会秘书长）

李恒芳（瑞图生态股份公司董事长、中国建筑砌块协会
副理事长）

李　焱（北斗应用技术公共服务平台主任）

杨楂文（阿里云华南大区副总经理兼首席架构师）

杨　名（阿里巴巴集团浩鲸云计算科技股份有限公司副总裁）

推荐序

中国生产力促进中心协会策划、组织编写了《智慧城市实践系列丛书》（以下简称《丛书》），该《丛书》被国家新闻出版广电总局纳入了"'十三五'国家重点图书、音像、电子出版物出版规划"，这是一件很有价值和意义的好事。

智慧城市的建设和发展是我国的国家战略。国家"十三五"规划指出："要发展一批中心城市，强化区域服务功能，支持绿色城市、智慧城市、森林城市建设和城际基础设施互联互通"；中共中央、国务院发布的《国家新型城镇化规划（2014—2020）》以及科技部等八部委印发的《关于促进智慧城市健康发展的指导意见》均体现出中国政府对智慧城市建设和发展在政策层面的支持。

《智慧城市实践系列丛书》聚合了国内外大量的智慧城市建设与智慧产业案例，由中国生产力促进中心协会等机构组织国内外近300位来自高校、研究机构、企业的专家共同编撰。《丛书》一共40册（1册《智慧城市实践总论》，39册"智慧城市分类实践"），这本身就是一项浩大的"聚智"工程。该《丛书》注重智慧城市与智慧产业的顶层设计研究，注重实践案例的剖析和应用分析，注重国内外智慧城市建设与智慧产业发展成果的比较和应用参考。《丛书》还注重相关领域新的管理经验并编制了前沿性的分类评价体系，这是一次大胆的尝试和有益的探索。该《丛书》是一套全面、系统地诠释智慧城市建设与智慧产业发展的图书。我期望这套《丛书》的出版可以为推进中国智慧城市建设和智慧产业发展、促进智慧城市领域的国际交流、切实推进行业研究以及指导实践起到积极的作用。

中国生产力促进中心协会以该《丛书》的编撰为基础，专门搭建了"智慧城市研究院"平台，将智慧城市建设与智慧产业发展的专家资源聚集在平台上，持续推动对智慧城市建设与智慧产业的研究，为社会不断贡献成果，这也是一件十分值得鼓励的好事。我期望中国生产力促进中心协会通过持续不断的努力，将该平台建设成为在中国具有广泛影响力的智慧城市研究和实践的智库平台。

　　"城市让生活更美好，智慧让城市更幸福"，期望《丛书》的编著者"不忘初心，以人为本"，坚守严谨、求实、高效和前瞻的原则，在智慧城市规划建设实践中，不断总结经验、坚持真理、修正错误，进一步完善《丛书》的内容，努力扩大其影响力，为中国智慧城市建设及智慧产业的发展贡献力量，也为"中国梦"增添一抹亮丽的色彩。

中国科学院院士
科技部原部长

Foreword

China is now poised to become a technological and ecological leader in the world economy. Chinese leaders are laying out global development strategies with their extremely wise vision and thinking. The "Book Series Smart City Practice" (hereinafter refferred to as "Book Series") are published as the key research achievements of the "Chinese National 13th Five-Year Plan". The project fills the gap in research of smart city worldwide. It is also the leading action to explore and guide the operation of smart cities and industrial practice. The publication of the "Book Series" proves that the vision of author and the leadership of CAPPC and the International Smart City Research Institute is very strong and focused.

In order to maintain China's ability to thrive and compete in the international marketplace, China must keep pace with a movement that is sweeping the globe. That movement is the evolution of what is being referred to as a Smart City. Chinese Government, as well as the technology researchers and developers, have already started city innovation to avoid failing behind other countries.

The purpose of developing China's Smart City is to promote economic development, to improve environmental conditions and the quality of life of citizens in China. The goal of becoming a Smart Country can only be achieved by building the proper infrastructure in which to build upon. The infrastructure will improve interoperability, security and communication across all segments of Chinese communities. Building the infrastructure will result in an "Embrace and Replace" solution. The current aging infrastructures will become more efficient and China will be able to realize a lower Total Cost of Ownership (TCO) across all segments.

Once implemented, China will realize a significant increase in the ratio of discretionary budget. The savings created by improved efficiencies in using current infrastructure means leaping economic development can occur without the need for

additional funds to the general budgets.

An essential element of China's development to becoming a Smart Country will be the cooperation between the public and private sectors. Each must share the common objective to reduce the carbon emission. Teamwork will be valued and community pride is instilled. Once this is accomplished, the end result will be an enhancement of the lives of citizens.

I commend the authors that produced this "Book Series", Mr. Wu Honghui, President of International Smart City Research Institute and Mr. Long Chen. By release of this "Book Series", all cities will have a foundation to rely on that will work in unison and achieving the goals of lower carbon emissions, lower overall costs on infrastructure, reduced energy consumption, cleaner environment and a more sustainable life for all Chinese citizens. More importantly, this "Book Series" will be the reference for the smart city industrial and technology development, as well as the model template for practitioners.

Setting a smart city vision and effectively moving towards it with a foundation-based strategy is essential. A systems-based approach is critical to ensuring resource efficiency and security all while maintaining socially and environmentally inclusive growth. With the cooperation between the public and private sectors throughout China, the rewards for China's initiative to transform into a Smart Country will span economic, environmental and social bounds.

The aforementioned efforts allow China to develop in a more sound way and the ultimate benefit will be increased health and living standards for all Chinese citizens. China will be the "Beacon" for the world to referred to when they also want a better life for all.

Michael Holdmann

IEEE/ISO/IEC - 21541 - Member Working Group
UPnP+ - IOT, Cloud and Data Model Task Force
SRII - Global Leadership Board
IPC-2-17 - Data Connect Factory Committee Member
Founder, Chairman & CEO of CYTIOT, INC.

中国正成为世界经济中的技术和生态方面的领导者。中国的领导人以极其睿智的目光和思想布局着全球发展战略。《智慧城市实践系列丛书》（以下简称《丛书》）以中国国家"十三五"规划的重点研究成果的方式出版，这项工程填补了世界范围内的智慧城市研究的空白，也是探索和指导智慧城市与产业实践的一个先导行动。本《丛书》的出版体现了编著者们、中国生产力促进中心协会以及国际智慧城市研究院的强有力的智慧洞见。

为了保持中国在国际市场的蓬勃发展和竞争能力，中国必须加快步伐跟上这场席卷全球的行动。这一行动便是被称作"智慧城市进化"的行动。中国政府和技术研发与实践者已经开始了有关城市的革命，不然就有落后于其他国家的风险。

发展中国智慧城市的目的是促进经济发展，改善环境质量和民众的生活质量。建设智慧城市的目标只有通过建立适当的基础设施才能实现。该基础设施将改善中国社会所有领域的互动操作性、安全性和通信情况。建立此基础设施将带来一个"融合和替代"的解决方案。通过此解决方案，目前已老化的基础设施将重新焕发活力，中国将能够实现在各个环节的更低的所有权总成本（TCO）。

一旦实施智慧城市建设，中国将实现自由支配预算的比例大幅增加。提高当前基础设施的利用率所带来的节余，意味着在无需向预算内投入额外资金的情况下，经济仍可能会实现飞跃性发展。

中国成为智慧国家的一个重要因素是加大国有与私有企业之间的合作。它们都须有共同的目标，以减少碳排放。团队合作将会被高度评价，社区荣誉也将逐步深入人心。一旦成功，民众的生活质量和幸福程度将得到很大的提升。

我对该《丛书》的编著者们极为赞赏，他们包括国际智慧城市研究院院长吴红辉先生及其团队、中国生产力促进中心协会的领导隆晨先生。通过该《丛书》

的发行，所有的城市都将拥有一套协同工作的基础，从而实现更低的碳排放、更低的基础设施总成本以及更低的能源消耗，拥有更清洁的环境，所有中国民众将过上更可持续发展的生活。更重要的是，该《丛书》还将成为智慧产业及技术发展可参考的系统依据以及从业者可以学习的范本。

设立一个智慧城市的建设愿景，并基于此有效地推进的战略是必不可少的。一个基于系统的方法是至关重要的，可以确保资源使用的效率和安全性，同时促进环境友好型社会的发展。随着中国政府和私有企业的合作，中国将跨越经济、环境和社会的界限，成为一个智慧国家。

上述努力会让中国以一种更完善的方式发展，最终的益处是国家不断繁荣，所有中国民众的生活水平不断提升。中国将是世界上所有想要更美好生活的国家所参照的"灯塔"。

迈克尔·侯德曼

IEEE/ISO/IEC－21451－工作组成员

UPnP＋－IOT，云和数据模型特别工作组成员

SRII－全球领导力董事会成员

IPC-2-17－数据连接工厂委员会成员

CYTIOT 公司创始人兼首席执行官

环境问题自工业革命起就一直困扰着人类，进入 21 世纪以来，特别是近些年来，雾霾、水污染等环境事件越来越多地出现在公众视线中。而我国在经历了经济的飞速发展之后，越来越多的人意识到环境保护的重要性。智能设备的丰富以及物联网技术、GIS 技术、"天空地"一体化遥感监测技术、环境模型模拟技术等的快速发展，数据挖掘技术的成熟以及大数据时代的到来，虚拟化的普及和云计算的崛起……这一切都为解决环境问题提供了新思路。智慧环保的建设将会给环保行业带来颠覆性的变革，而这都会为中国的环境监控、治理、保护注入一股新的力量。

智慧环保是紧随智慧城市的建设而同步发展的，智慧环保的发展也会大力推进智慧城市的建设。

智慧环保是互联网技术与环境信息化相结合的概念，是利用物联网技术、云计算技术、移动通信技术和业务模型技术，以数据为核心，将数据获取、传输、处理、分析通过超级计算机和"去计算"与环保领域物联网整合起来，通过"智在管理、慧在应用"，以更加精细和动态的方式为环境管理和环境保护提供智慧管理及服务支持。

智慧环保可使环境保护相关部门提升业务能力，可以在环境质量监测、污染源监控、环境信息发布、环境应急管理、污染投诉处理等方面为环保行政部门提供智慧的监测手段。

对于环保领域的企业来说，采用物联网技术可以提高企业的管理水平，使企业准确地掌握其所产生的废水、废气、废渣数量，可避免因超标排放或不合格排放所面临的处罚。同时，企业也承担了应有的社会责任。

对于公众来说，他们可通过环境信息门户网站了解当前环境的各种监测指标，并通过环境污染举报与投诉处理平台，向环保部门投诉与举报，从而帮助环保部门更加有效地管理违规排污企业，达到共同维护环境的目的。

基于此，我们从理论、政策、专业性、实用性及实操性多个方面着手，编写了《智慧环保实践》一书，供从事智慧环保实践的环保机构的负责人、相关从业人员、各企业环保负责人阅读和参考使用。

　　本书分三篇共 13 章，第一篇是理论篇，第二篇是路径篇，第三篇是案例篇。全书把智慧环保实践的理论和法规通过流程、图、表的形式呈现，讲解通俗易懂，读者可以快速掌握重点，同时避免了晦涩难懂的理论。第一篇内容为智慧环保概述、智慧环保的支撑技术、智慧环保建设的必要性；第二篇讲述环保物联网的建设、环保云计算平台建设、环境保护 GIS 建设、环境数据中心建设、环境监测在线平台（系统）建设、环境监察移动执法系统建设、污染源自动监控系统建设、环保应急指挥系统建设等相关内容；第三篇通过案例解读智慧环保实践。

　　通过阅读本书，读者会切身体会到智慧环保建设构成的方方面面和国内外智慧环保的建设成果，以及我国在智慧环保领域的努力方向及建设思路。

　　智慧环保建设的政府管理者通过阅读本书，能系统全面地了解如何进行智慧环保建设的架构设计、系统规划和实现途径。

　　智慧环保建设企业及方案提供商、设备供应商的管理者通过阅读本书，可以更系统地了解智慧环保建设的各个方面以及如何落实实际应用，最有效地实施智慧环保的规划。

　　智慧城市与智慧环保的研究者通过阅读本书，可以系统地了解智慧城市各个领域以及智慧环保建设的最新实践成果。

　　智慧城市、智慧环保相关专业的大学生、研究生通过阅读本书，可以系统学习智慧环保的知识体系及目前国内外智慧环保应用的最新动态。

　　本书在编辑整理的过程中，获得了职业院校、环保机构、环保一线工作人员的帮助和支持，在此对他们付出的努力表示感谢！由于编者水平有限，错误疏漏之处在所难免，敬请读者批评指正。另外，部分图片与文字内容引自互联网媒体，由于时间比较紧，未能一一与原作者进行联系，请原作者看到本书后及时与编者联系，以便我们表示感谢并支付稿酬。

第一篇　理论篇

第二篇 路径篇

第4章 环保物联网的建设 ……………………………………… 71

第三篇　案例篇

第一篇

理 论 篇

第1章

智慧环保概述

　　"智慧地球"的概念是由IBM提出的，其核心是以一种更智慧的方法，通过利用新一代信息技术改变政府、企业和人们相互交互的方式，以提高交互的明确性、效率、灵活性和响应速度，实现信息基础架构与基础设施的完美结合。

　　随着"智慧地球"概念的提出，"智慧环保"概念应运而生，即在环保领域中如何充分利用各种信息通信技术，感知、分析、整合各类环保信息，对各种需求做出智能的响应，使决策更加切合环境发展的需要。

1.1 环保地位的转变

过去，我国的生态环境被严重破坏。面对日益严峻的环境，国家需要一系列大变革才能改善环境。

1.1.1 2008 年——环保转折年

早期，我国的环保部门是属于城乡建设环境保护部下属的一个分支，直到1988年才独立成为国家环境保护局，1998年改名为国家环境保护总局，也称环保局。

2008年3月，第十一届全国人民代表大会第一次会议通过《国务院机构改革方案》，决定将国家环境保护总局升格为国务院组成部门——中华人民共和国环境保护部（以下简称环保部）。同年3月27日，环保部举行挂牌仪式。环保部成立以后，这一年还发生了一系列与环保相关的事情，如图1-1所示。

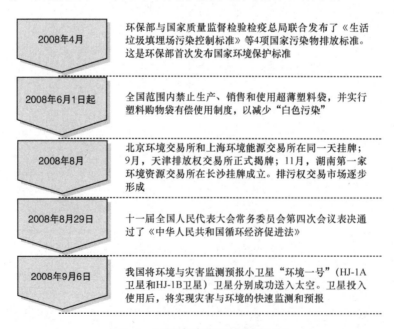

2008年4月	环保部与国家质量监督检验检疫总局联合发布了《生活垃圾填埋场污染控制标准》等4项国家污染物排放标准。这是环保部首次发布国家环境保护标准
2008年6月1日起	全国范围内禁止生产、销售和使用超薄塑料袋，并实行塑料购物袋有偿使用制度，以减少"白色污染"
2008年8月	北京环境交易所和上海环境能源交易所在同一天挂牌；9月，天津排放权交易所正式揭牌；11月，湖南第一家环境资源交易所在长沙挂牌成立。排污权交易市场逐步形成
2008年8月29日	十一届全国人民代表大会常务委员会第四次会议表决通过了《中华人民共和国循环经济促进法》
2008年9月6日	我国将环境与灾害监测预报小卫星"环境一号"（HJ-1A卫星和HJ-1B卫星）卫星分别成功送入太空。卫星投入使用后，将实现灾害与环境的快速监测和预报

图1-1 2008年中国环保重要工作

1.1.2 垂直管理——县级环保局不再听令于地方政府

十八届五中全会提出，实行"最严格的环境保护制度"，要求实行省以下环保机构监测监察执法垂直管理制度。垂直管理主要指省级环保部门直接管理市（地）县的监测监察机构，承担其人员和工作经费，市（地）级环保局实行以省级环保厅（局）为主的双重管理体制，县级环保局不再单设而是作为市（地）级环保局的派出机构。实施省以下垂直管理后，县级环保部门主要领导均由省级环保厅（局）提名、审批和任免。地方环保部门要听命于地方政府，容易让环保工作人员在执法时受到干扰。这一政策的转变将加强地方环保局执法的力度，让环保政策真正落到实处。

1.2 数字环保

1.2.1 数字环保

数字环保是近年来在数字地球、地理信息系统、全球定位系统、环境管理与决策支持系统等技术的基础上衍生的大型系统工程。数字环保可以理解为以环保为核心，由基础应用、延伸应用、高级应用和战略应用的多层环保监控管理平台集成，将信息、网络、自动控制、通信等高科技应用到全球、国家、省级、地市级等各层次的环保领域中，进行数据汇集、信息处理、决策支持、信息共享等服务，实现环保的数字化。

1.2.2 数字环保的发展

数字环保经历了三代变革和发展。

1.第一代数字环保：以短信为基础的移动办公访问技术

以短信为基础的第一代移动办公访问技术存在着实时性较差，查询请求不会立即得到回应的弊端。此外，由于短信信息长度的限制也使得一些查询无法得到

完整的答案。这些令用户无法忍受的严重问题导致了一些早期使用基于短信的数字环保执法系统的部门纷纷要求升级和改造系统。

2. 第二代数字环保：采用了基于WAP技术的方式

第二代数字环保采用了基于WAP技术的方式，主要通过手机浏览器访问WAP网页，以实现信息的查询，解决了一部分第一代移动访问技术的问题。第二代移动访问技术的缺陷主要表现在WAP网页访问的交互能力极差，因此极大地限制了移动办公系统的灵活性和方便性。此外，WAP网页访问的安全隐患对于安全性要求极为严格的政务系统来说也是一个严重的问题。这些问题使得第二代访问技术逐步难以满足用户的要求。

3. 第三代数字环保：采用了第三代移动访问技术

第三代数字环保采用了基于SOA（面向服务的架构）的webservice和移动VPN（虚拟专用网络）技术相结合的第三代移动访问技术，系统的安全性和交互能力有了极大的提高。该系统同时融合了无线通信、数字对讲、GPS定位、CA认证及网络安全隔离网闸等多种移动通信、信息处理和计算机网络的最新前沿技术，以专网和无线通信技术为依托，为一线值勤环保执法人员提供了跨业务数据库、跨地理阻隔的现代化移动办公机制。

通过数字环保执法系统，环保执法人员可以迅速地查询环保业务资源库、污染源信息、污染企业信息、案件、公文和法律法规等，随时随地获得环保业务信息的支持，系统为一线提供区域向导图，使执法人员迅速地对区域内的现状做出判断，以减少失误，提高工作效率。环境应急监控中心发现异常情况后，立即通知环境监察中队，环境监察人员立即现场查处。特别是照片和相关图片的传输应用，不但可以解决协查、堵截、搜查等一线环保人员现场执法问题，而且通过GIS（地理信息系统）为一线提供区域向导图。

1.2.3 数字环保的研究内容

与数字环保相关的研究包括基础理论、支撑技术和分析技术，具体如图1-2所示。

1.2.4 数字环保的应用范围

数字环保的主要应用范围有七大方面，如图1-3所示。

1	高分辨的卫星遥感技术：高光层分辨率、高空间分辨率
2	宽带网真三维地理信息系统（Web3D—GIS），数据仓库与数据交换中心技术
3	OpenEMIDSS标准、远程互操作、互运算等信息共享技术
4	仿真—虚拟技术和VR—EMIDSS技术
5	传感器、分析仪器和快速分析技术
6	数字环保的信息模型与体系结构研究，如建筑设施、交通设施、能源设施、生产设施、通信设施、污染物排放设施和行政管理的信息模型及体系结构（包括逻辑及运行）和信息组织及管理应用
7	数字环保的运行管理技术：通信网络系统及其管理，数据组织及数据转换，决策模型管理、信息应用和安全保障机制，机构、人事、操作规范及创新机制

图1-2 数字环保的研究内容

数据汇集 ☞	主要是各种数据的汇聚与共享，包括地理、地质、水文、生态等基础数据，监理、监测等业务数据以及外部数据
信息处理 ☞	即对收集的各种数据信息进行规范化的整理过程，包括基本信息处理（图、表、文档）、特殊信息引擎生成（GIS、地质、水文、生态）、应用信息引擎（语义生成）、信息测度与数据清洁（大量数据的整理、剔除）、应用视图管理（局部应用语义）、全局信息维护（一致性、完整性、相容性）
决策支持 ☞	包括数据挖掘组件、知识管理组件、模型管理组件、决策技术组件、交互过程支持和群体决策支持
问题发现 ☞	即现场监控报警（事故报警系统）、异常趋势发现（历史数据分析）、危险态势发现、监管对象分级、抽检、复杂环境事件仿真、评估、监管措施评估和外界举报接入
辅助执行 ☞	即远程实时监控系统、移动对象连续监控系统、事务追踪系统、指挥调度系统（指挥中心）和工作流管理系统
效果反馈 ☞	即监测对象、目标、数据动态建模、监测结论生成和共享、异常反馈信息示警和外部反馈信息接入
信息共享 ☞	即部门级信息共享（业务系统、操作员之间）、行业级信息共享（环保部门之间）、行业间共事（林业、建设、卫生防疫）、公众信息服务和信息增值服务（房地产、旅游、服务业）等

图1-3 数字环保的七大应用范围

1.2.5　数字环保的实现层次

数字环保在实现层次上为：地、市级—省级—国家级—全球。从概念形成到系统建设的过程是环境保护的数字化进程，最终形成区域和非区域理念共存的数字系统，如污染物管理及污染物排放和总量控制、酸雨及大气污染物监测控制、产业排污动态监测、非点源污染监测、流动污染源监测、远程自动监测、环境影响评价、决策支持系统、环境信息发布和办公自动化等作为数字环保的子系统，在运行的过程中其所针对的问题是区域及非区域共存的。虽实现层次不同，但业务综合的层次是不同的。

数字环保由环境监管信息集成系统、环境数据中心、环境地理信息系统、移动执法系统、环境在线监控系统、环境应急管理系统及综合报告系统组成。数字环保通过远程环境管理平台、环境自动监控系统和电子政务网络平台，收集整理环保信息资源，建成环境电子信息资源库，为环保部门和社会提供广泛、完善的环境数据查询服务。环境数据涵盖建设项目环保审批、排污收费管理、工业污染源远程监控、12369信访举报和水、气、声自动监测等系统数据。

1.3　智慧环保

智慧环保是互联网技术与环境信息化相结合的概念。智慧环保是数字环保概念的延伸和拓展，其借助物联网技术，把感应器和装备嵌入各种环境监控对象（物体）中，通过超级计算机和云计算将环保领域物联网整合，实现人类社会与环境业务系统的整合，以更加精细和动态的方式实现环境管理和决策的智慧。中国物联网校企联盟认为物联网技术的发展会带动智能环保的发展，实现环境保护的有效化。

1.3.1　从数字环保发展到智慧环保

智慧环保是利用物联网技术、云计算技术、3G技术和业务模型技术，以数据为核心，把环保领域物联网的数据获取、传输、处理、分析通过超级计算机和云计算整合起来，通过"智在管理、慧在应用"，以更加精细和动态的方式为环境管理和环境保护提供智慧管理和服务支持。智慧环保并不等同于数字环保，是后者发展的延续和高级阶段。

从数字环保到智慧环保，是在数字环保技术的基础上加强感知层技术和智慧层技术的应用和建设，前者主要是指物联网技术，后者主要是指云计算、模糊识别等智能技术。感知层的传感器对环境污染源数据、大气环境质量数据等进行实时的采集和监控。分析感知层采集到的数据，这才是最终的目的。

1.3.2 智慧环保的总体目标

智慧环保的总体目标如图1-4所示。

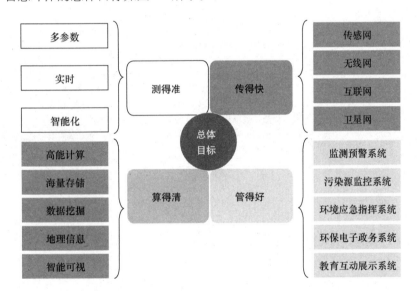

图1-4 智慧环保的总体目标

1.3.3 智慧环保系统目标

环保是一个庞大的体系，其包括环境监测、数据分析以及对污染源的监督管理、追责等，需要企业、各级政府和多个部门共同来完成。智慧环保体系主要体现在以下几个方面，如图1-5所示。

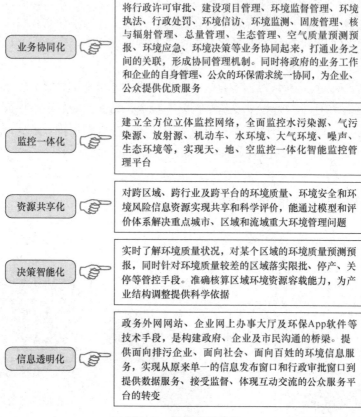

业务协同化 ☞ 将行政许可审批、建设项目管理、环境监督管理、环境执法、行政处罚、环境信访、环境监测、固废管理、核与辐射管理、总量管理、生态管理、空气质量预测预报、环境应急、环境决策等业务协同起来，打通业务之间的关联，形成协同管理机制。同时将政府的业务工作和企业的自身管理、公众的环保需求统一协同，为企业、公众提供优质服务

监控一体化 ☞ 建立全方位立体监控网络，全面监控水污染源、气污染源、放射源、机动车、水环境、大气环境、噪声、生态环境等，实现天、地、空监控一体化智能监控管理平台

资源共享化 ☞ 对跨区域、跨行业及跨平台的环境质量、环境安全和环境风险信息资源实现共享和科学评价，能通过模型和评价体系解决重点城市、区域和流域重大环境管理问题

决策智能化 ☞ 实时了解环境质量状况，对某个区域的环境质量预测预报，同时针对环境质量较差的区域落实限批、停产、关停等管控手段。准确核算区域环境资源容载能力，为产业结构调整提供科学依据

信息透明化 ☞ 政务外网网站、企业网上办事大厅及环保App软件等技术手段，是构建政府、企业及市民沟通的桥梁。提供面向排污企业、面向社会、面向百姓的环境信息服务，实现从原来单一的信息发布窗口和行政审批窗口到提供数据服务、接受监督、体现互动交流的公众服务平台的转变

图1-5　智慧环保体系

1.3.4　智慧环保总体架构

智慧环保的基本构成是由各种传感器元件构成的感知层，其次是数据传输层，再次是利用数据的智慧层和服务层，如图1-6所示。

1. 感知层

感知层是物联网的基础，是联系物理世界与信息世界的重要纽带，是利用臭氧、一氧化碳、PM2.5等任何可以随时随地感知、测量、捕获和传递信息的设备，实时感知大气、水及噪声等的污染源及环境质量等变化，实现对环境质量、污染源、生态、辐射等环境因素的"更透彻的感知"。感知层包括二维码标签和识读器、RFID（射频识别）标签和读写器、摄像头、GPS、传感器、M2M终端、传感器网关等，主要功能是识别物体、采集信息，与人体结构中皮肤和五官的作用类似。

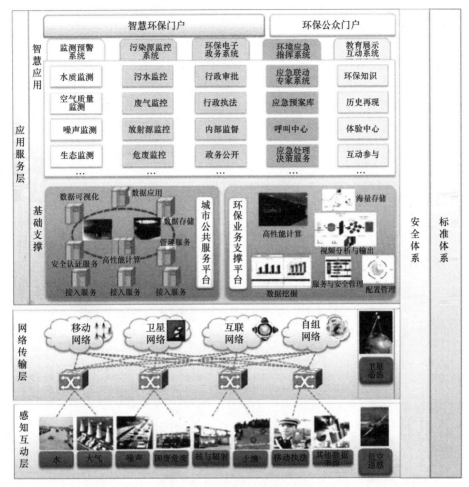

图1-6 智慧环保的总体架构

2. 传输层

传输层利用环保专网、运营商网络，结合4G、卫星通信等技术，将感知层收集到的环境信息在物联网上互动和共享，达到环境区域网格化、低成本布点效果，快速感知环境变化，快速做出异常点报警提示，改变传统监测模式数据滞后的弊端，实现在环境信息上更加全面的互联互通。

3. 智慧层

大数据是重大资源，如果运用不得当就失去了采集的意义。大数据的应用须以云计算、虚拟化和高性能计算等技术手段，整合和分析海量的跨地域、跨行业的环境信息，实现海量存储、实时处理、深度挖掘和模型分析，得出有用的数据，才能使智能化更加深入，对环保信息的分析更加准确无误，这需要云服务平

台的支持，借助云计算强大的分析能力来分析环保大数据。目前，环保部门已经提出生态环境大数据的总体框架，现阶段服务层仍处于运行的初级阶段，尚未达到使用云计算分析的程度。

4.服务层

服务层利用云服务模式，建立面向企业、公众的业务应用系统和信息服务门户，为环境质量、污染防治、生态保护、辐射管理等业务提供更智慧、更科学的决策，更好地达到环境保护的效果。

1.3.5 智慧环保的优势

相对于传统的环境监测网络，智慧环保借助智能化感知器件、大数据和物联网，其优势如图1-7所示。

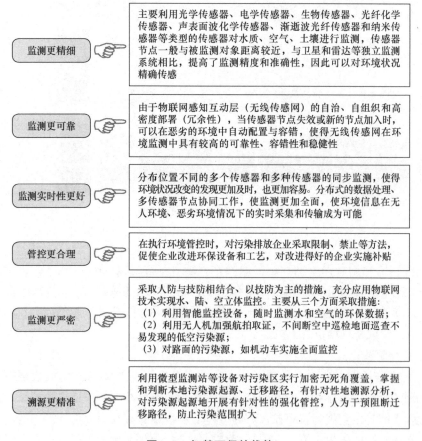

监测更精细	主要利用光学传感器、电学传感器、生物传感器、光纤化学传感器、声表面波化学传感器、渐逝波光纤传感器和纳米传感器等类型的传感器对水质、空气、土壤进行监测，传感器节点一般与被监测对象距离较近，与卫星和雷达等独立监测系统相比，提高了监测精度和准确性，因此可以对环境状况精确传感
监测更可靠	由于物联网感知互动层（无线传感网）的自治、自组织和高密度部署（冗余性），当传感器节点失效或新的节点加入时，可以在恶劣的环境中自动配置与容错，使得无线传感网在环境监测中具有较高的可靠性、容错性和稳健性
监测实时性更好	分布位置不同的多个传感器和多种传感器的同步监测，使得环境状况改变的发现更加及时，也更加容易。分布式的数据处理、多传感器节点协同工作，使监测更加全面，使环境信息在无人环境、恶劣环境情况下的实时采集和传输成为可能
管控更合理	在执行环境管控时，对污染排放企业采取限制、禁止等方法，促使企业改进环保设备和工艺，对改进得好的企业实施补贴
监测更严密	采取人防与技防相结合、以技防为主的措施，充分应用物联网技术实现水、陆、空立体监控。主要从三个方面采取措施： （1）利用智能监控设备，随时监测水和空气的环保数据； （2）利用无人机加强航拍取证，不间断空中巡检地面巡查不易发现的低空污染源； （3）对路面的污染源，如机动车实施全面监控
溯源更精准	利用微型监测站等设备对污染区实行加密无死角覆盖，掌握和判断本地污染源起源、迁移路径，有针对性地溯源分析，对污染源起源地开展有针对性的强化管控，人为干预阻断迁移路径，防止污染范围扩大

图1-7 智慧环保的优势

西班牙：空气质量及污染监测网

OSIRIS是欧盟的一个综合计划，是欧洲对环境有效管理的一套综合信息基础架构。OSIRIS通过部署完善的感测网，运用现场实地监测的感测系统，达到监测与防灾的效果。OSIRIS涵盖现场监测系统、资料整合和信息管理、服务三阶段流程。OSIRIS针对空气质量及污染、地下水污染、森林火灾和工业建筑火灾4种情境进行了实验。

以空气质量传感网为例，可分为空气质量监测和空气污染监测两种情境。这一模拟示范区为西班牙巴利亚多利德市，空气质量监测通过9个固定式空气质量监测站（安置于大楼顶端）监测CO、CO_2、NO、NO_2、O_3以及气象因子，通过安置于公交车顶端的传感器移动监测NO、NO_2等浓度和噪声污染。在适当时间将监测数据以无线技术传输至监控中心，与附近固定式气象站信息结合，对后续污染物扩散模拟预测分析，并且将资料集成后以图形的方式呈现在地图上，作为决策单位的预警系统。

空气污染情境则是在巴利亚多利德市近郊模拟测试的。当运载有毒化学品的列车发生翻覆事故时，造成有毒物质扩散，一旦接到报警，OSIRIS会派出带有传感器的微型无人空中飞行器前往事发地点上空进行大气污染物采样，无人空中飞行器将通过地面控制站和OSIRIS系统与监控中心沟通并传送信息，同时收集即时影像及气象信息供扩散模拟组分析，生成产生有毒气体扩散的时空模拟图，以便监控中心评估灾情程度以及确定需疏散的地区。

无人机队：监督乱丢垃圾

2017年4月，迪拜市政府的垃圾管理部门部署无人机机队，在全市范围

内监督乱丢垃圾的行为。这些无人机将在垃圾站、海滩以及沙漠露营地等场所监督乱丢垃圾的人。

在迪拜，关于禁止乱丢垃圾的法律非常严格。如果某人屡次在街头乱丢烟头，可能会被管理部门处以数百美元的罚款。在街头随地吐痰也会招致高额罚款。迪拜垃圾管理处负责人表示："这些无人机的最大好处在于帮助我们节约时间。我们不再需要派出市政人员上街巡逻，无人机可以在短时间内迅速飞到各个地点，向我们提供数据和高清照片。"

 他山之石

NU Swan系统：高效监控水库水质

水库的水质监控主要依靠固定的在线监测站，主要通过小船的航行来划定监测范围，其监测范围是有限的，或者采用手动原位测量技术，这种技术又非常消耗时间。为解决这一问题，新加坡国立大学的一个科研小组研发了一种智能化机器平台来对水库水质进行实时监测。这个平台是"NU Swan（smart water assessment network）"，它的外形是一只白天鹅，会在水库水面上行驶且无人驾驶，自动监测水质。

NU Swan在选择监测点时会自动设定一条高效路线，收集到的数据会实时传输到指挥中心并发送给操作人员，根据这些数据，操作人员会对NU Swan的运行远程遥控并实时调整。该系统的典型操作是在目标流域内对三个NU Swan机器人管控，使其对目标水体协作取样。通过羽毛感应梯度变化，可以更精确分析流域水体中营养物的分布情况。

NU Swan系统也可以用于其他监测平台。例如，将NU Swan和水下机器人结合应用，可以了解水库中不同深度的水体情况，还可以与水面浮标监控系统相结合，以扩大监控的覆盖面积。NU Swan系统携带有传感器，可以监测叶绿素a、溶解氧、浊度、蓝绿藻等参数，也可以再增加其他传感器，以扩大应用范围，例如水体监督、污染源追踪，甚至可以用作早期预警以及决策系统。

Perma Sense Project：监测阿尔卑斯山

通过物联网中无线感应技术的应用，Perma Sense Project项目实现了长期监控瑞士阿尔卑斯山地质和环境状况。现场不再需要人为的参与，而是通过无线传感器对整个阿尔卑斯山脉实行大范围深层次监控，包括温度的变化对山坡结构的影响以及气候对土质渗水的影响等。

参与该计划的瑞士巴塞尔大学、苏黎世大学与苏黎世联邦理工学院，派出了包括计算机、网络工程、地理与信息科学等领域专家在内的研究团队。据他们介绍，该计划所搜集到的数据可作为自然环境研究的参考，同时，经过分析后的信息也可以作为提前掌握山崩、落石等自然灾害的事前警示。

澳大利亚昆士兰州："智慧桥"的实验

在澳大利亚昆士兰州，通过在一座大桥上安装各种各样的传感器，不仅可以告诉城市管理者桥上的车辆数量、车的重量、车排放的污染、车的新旧，还可以告诉人们这辆车对这座桥整个混凝土的结构带来多大的压力。由此，交通管理部门可以实时评估，获得这座桥结构强度的数据，一旦压力超出了所设定的极限值，交通管理部门可以获得警报，及时发现。

第2章

智慧环保的支撑技术

由智慧环保的理念和建设内容，我们可以看出，若实现智慧环保，我们在建设中必须采用先进的物联网技术、智能GIS技术、云计算技术、天空一体化遥感监测技术、海量数据挖掘技术以及环境模型模拟技术等。

中国环境保护部2016年《生态环境大数据建设总体方案》中明确提出，大数据、"互联网＋"等信息技术已成为推进环境治理体系完善和治理能力现代化的重要手段，我们要加强生态环境大数据综合应用和提高集成分析能力，为生态环境保护科学决策提供有力支撑，要充分运用物联网技术、GIS技术、大数据、云计算等现代信息技术手段，全面提高生态环境保护综合决策、监管治理和公共服务水平，加快转变环境管理方式和工作方式。

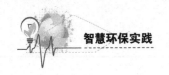

2.1 物联网技术

物联网（Internet of Things, IoT）是基于互联网等传统信息载体，通过各类感知设备，全面获取环境、设施、人员信息并进行自动化数据处理，实现"人—机—物"融合一体、智能管控的互联网络。

2.1.1 什么是物联网

物联网就是物物相连的互联网；它基于互联网、传统电信网等信息承载体，让所有能够独立寻址的普通物理对象实现互联互通的网络。

通俗地讲，物联网是各类传感器、RFID和现有的互联网相互衔接的一个新技术，以互联网为平台，多学科、多种技术融合，实现了信息聚合的泛在网络。这包含有两层意思：

第一，物联网的核心和基础仍然是互联网（网络具有泛在性和信息聚合性，如图2-1所示），是在互联网基础上延伸和扩展的网络；

第二，物联网客户端延伸和扩展到了任何物品与物品之间，物联网就是"物物相连的互联网"。

物联网是下一代互联网的发展和延伸，因为与人类生活密切相关，被誉为是继计算机、互联网与移动互联网之后的又一次信息产业浪潮。

2.1.2 物联网的体系结构

物联网的体系结构如图2-2所示，它分为感知层、网络层和应用层。

1. 感知层

感知层相当于人体的皮肤和五官，主要用于识别物体，采集信息包括二维码标签和识读器、RFID标签和读写器、摄像头、传感器及传感器网络等。

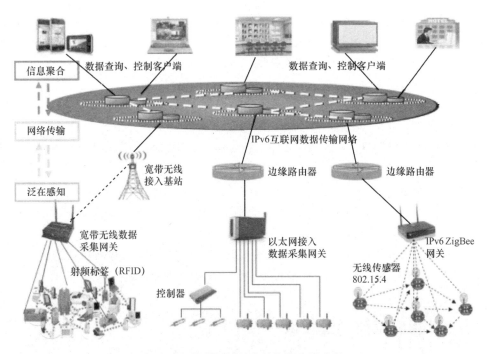

图2-1 物联网的泛在性和信息聚合性

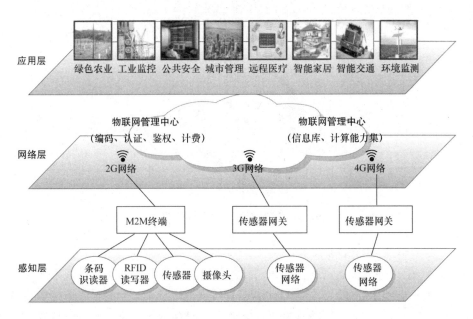

图2-2 物联网的体系结构

感知层通过RFID电子标签、传感器、智能卡、识别码、二维码等对感兴趣的信息进行大规模、分布式地采集，并进行智能化识别，然后通过接入设备将获取的信息与网络中的相关单元进行资源共享与交互。

2. 网络层

网络层相当于人体的神经中枢和大脑，主要用于信息传递和处理。

网络层主要承担信息的传输，即通过现有的三网（互联网、广电网、电信网）或下一代网络（Next Generation Networks, NGN），实现数据的传输和计算。

3. 应用层

应用层相当于人的社会分工，与行业需求相结合，实现广泛智能化，是物联网与行业专用技术的深度融合。

应用层完成信息的分析处理和决策，以及实现或完成特定的智能化应用和服务任务，以实现物与物、人与物之间的识别与感知，发挥智能作用。

2.1.3 物联网的关键技术

物联网产业链可细分为标识、感知、处理和信息传送4个环节，因此物联网每个环节主要涉及的关键技术包括4个方面，如图2-3所示。

图2-3 物联网的四大关键技术

1. 射频识别（RFID）技术

RFID是一种非接触式的自动识别技术，具有读取距离远（可达数十米）、读取速度快、穿透能力强（可透过包装箱直接读取信息）、无磨损、非接触、抗污染、效率高（可同时处理多个标签）、数据存储量大等特点，是唯一可以实现多目标识别的自动识别技术，可工作于各种恶劣环境。一个典型的RFID系统一般是由RFID电子标签、读写器和信息处理系统组成的。当带有电子标签的物品通过特定的信息读写器时，标签被读写器激活，无线电波将标签中携带的信息传送到读写器以及信息处理系统，完成信息的自动采集工作，而信息处理系统则根据需求承担相应的信息控制和处理工作。

目前，RFID在农畜产品安全生产监控、动物识别与跟踪、农畜精细生产、畜产品精细数字化养殖、农产品物流与包装等方面得到应用。

2. 传感器技术

传感器负责物联网信息的采集，是物体感知物质世界的"感觉器官"，是实现对现实世界感知的基础，是物联网服务和应用的基础。传感器通常是由敏感元件和转换元件组成的，可通过声、光、电、热、力、位移、湿度等信号来感知，为物联网的采集、分析、反馈提供最原始的信息。

3. 传感器网络技术

传感器网络综合了传感器技术、嵌入式计算技术、现代网络及无线通信技术、分布式信息处理技术等，能够通过各类集成化的微型传感器协作实时地监测、感知和采集各种环境或监测对象的信息，通过嵌入式系统对信息进行处理，并通过随机自组织无线通信网络以多跳中继方式将所感知的信息传送到用户终端，从而真正实现"无处不在的计算"的理念。一个典型的传感器网络结构通常由传感器节点、接收发送器、互联网或通信卫星、任务管理节点等部分构成，如图2-4所示。

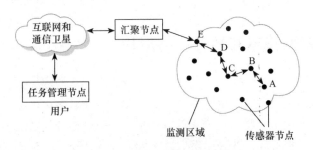

图2-4 传感器网络结构示意

4. 网络通信技术

传感器的网络通信技术可实现为物联网数据提供传送通道，而如何在现有网络上进行增强，适应物联网业务需求（低数据率、低移动性等），是现有物联网研究的重点。传感器网络的通信技术分为近距离通信和广域网络通信技术两类。

传感网络相关通信技术，常见的有蓝牙、IrDA、Wi-Fi、ZigBee、RFID、UWB、4FC、WirelessHart等。

2.1.4　物联网发展现状

目前，物联网应用仍以闭环应用居多，但闭环应用是开环应用的基础，只有闭环应用形成规模并进行互联互通，才能最终实现不同领域、行业或企业之间的开放应用。

物联网应用规模逐步扩大，以点带面的局面逐渐出现。物联网在各行业领域的应用目前仍以点状出现，覆盖面较大、影响范围较广的物联网应用案例从全球来看依然非常有限，不过随着世界主要国家和地区政府的大力推动，以点带面、以行业应用带动物联网产业发展的局面正在逐步形成。

基于RFID的物联网应用相对成熟，无线传感器应用仍处于试验阶段。

我国的物联网应用整体上落后于发达国家物联网应用，总体上还处于发展初期，许多领域虽然积极开展了物联网的应用探索与试点，但在应用水平上与发达国家仍有一定差距。目前，我国已开展了一系列试点和示范项目，在电网、交通、物流、智能家居、节能环保、工业自动控制、医疗卫生、精细农牧业、金融服务业、公共安全等领域取得了初步进展。

全球物联网产业体系都在建立和完善之中，产业整体处于初创阶段，具备了一些分散孤立的初级产业形态，尚未形成大规模发展。由于物联网寄生并依附于现有产业，因此现有产业发达的国家的物联网产业也具有领先优势。

2.1.5　物联网技术在环保中的应用

根据《环保物联网术语》（HJ929-2017）的定义，环保物联网是利用信息技术建设并用于环境质量、污染源、生态保护、环境风险等环境数据获取与应用的物联网。

物联网技术的本质特点在于实现物物相连，可以通过先进的传感器和智能设备收集物体本身的信息，并传输到信息平台进行统一分析和管理。环境物联网在实际应用中的范围涉及较广，它是一种先进的对污染源监控和管理的信息系统。环保物联网逐渐成为当前治理环境污染的主要手段，它通过大量先进技术的应用，促使环境管理工作模式发生本质上的转变。总的说来，环保物联网在环境监测中的应用具有十分深远的意义。

1. 物联网技术在生态环境监测中的应用

（1）大气监测

物联网技术应用于大气监测主要是对大气进行流动监测和固定在线监测。

流动监测不但可实现监测功能，同时还具有预报功能。流动监测是未来我国物联网技术应用于大气监测的主要方式。固定在线监测是指通过在排污口安装监测设备，同时在监测范围内以网格的形式安装传感器的方式对大气进行监测的一种方法。一旦监测范围内的大气发生了变化，相关工作人员可通过网络迅速接收到传感器所感知到的信息并对其进行分析，这不仅加快了问题解决的速度，还提高了决策的科学性，为制定预防计划提供了信息依据。据了解，目前我国已有多个城市（如武汉市）建立了完善的空气智能监测系统，以对空气常规指标进行实时监测。据统计，武汉市现已拥有8个监测子站，监测系统利用传感设备对大气中各种气体的数据进行采集，包括二氧化硫、可吸入颗粒、氮氧化合物等，并将所采集的数据利用物联网系统的网络层传输至监控中心，从而实现对大气的实时智能化监测。

（2）水质监测

水质监测及对水质进行评价等工作促进了水资源的保护、管理、开发及利用等工作的顺利开展，为水资源的全面管理提供了真实有效的数据依据。水质监测的范围相对较广，不但包括工业排水及已被污染的天然水，而且还包括未被污染的自然水。水质监测工作不仅是观察和判断水质的质量，而且还要充分了解水质中所含有的有毒物质。若发现水质中所含有毒物质量超标，则应立即向上级报告并及时采取防治措施。我国水质监测包括饮用水监测和水体污染监测两方面，其中利用物联网技术进行饮用水监测主要是通过在水源地安装传感器等设备，对居民用水水源地的水质进行实时检测，并对每日的检测结果进行分析，以及时了解当地的水质情况，为相关管理部门制定相应的水资源保护、管理、利用等计划提供科学的信息依据。利用物联网技术进行水体污染监测则主要是对工业废水进行监测，包括污染源的生产设施及污染治理的相关设施，通过采集这些设施的相关参数，结合企业的生产工艺，对工业企业生产设施的污染物排放量及污染治理设施的治理效果进行监测，从而避免重大污染事件的发生，有效保护水质环境。

水质监测和人们的生活息息相关，它为水资源的保护、开发和预防提供了数据依据。管理人员通过水质监测能够认真分析污染来源，及时地关闭一些重污染企业，整顿一些排放不达标的企业，因为水对人类来说比其他任何物质都重要和宝贵。我国是一个淡水资源缺乏的国家，很多地区都严重缺水，水质生态环保监测尤为重要和宝贵。除了要监测被污染的区域，我们还要认真保护未被污染的河流，控制污染源。基于物联网技术的监测方法主要是将电子传感器直接放置在水域中，实时监测各类元素的含量。污染监测的对象主要是工业废水，电子传感器可置于排放口，一旦排水不符合标准，数据就会被传递给计算机，通知管理人员

及时处理。

我国城镇化进程不断加快，随之而来的就是一系列的环保问题，其中最主要的生态环保问题就是污水处理，传统的污水监测手段是由专门人员去现场取样到实验室进行检测的，检测报告需要几个工作日才能拿到，这种方法无法应对城镇化进程中污水问题的加剧，因为每次检测的时间比较长、人力成本比较高，而且整个检测的周期也比较长，无法做到实时监测，容易错过了污染问题解决的最佳时机。物联网技术很好地解决了这一问题，实时监测能够降低工作人员的监督难度，减少污染检测的随机性，增加监测的科学性和准确性，最终提高污水治理的效果。

（3）生态监测

物联网技术在生态监测中的使用主要是先对所要监测的区域进行分簇划分，将要实施监测的区域划分成各个分簇，然后再根据分簇的噪声、湿度及温度等情况，通过相应类型的传感器来采集各类监测数据，然后再将采集的数据传输至控制中心。在生态监测中应用物联网技术不但使所采集的远程生态监测数据更加可靠，而且还使得数据传输更加及时，同时通过在监测区域内安装移动Agent节点，还可建立实时二维定位表，为数据的传输提供了最优路径，有效降低了网络能耗。

（4）海洋监测

物联网技术在海洋监测中的应用主要结合了传感网及互联网，在所要监测的海域范围内的海塔之间采取搭建无线传感器的方式，利用传感器的节点来采集和监测海洋中的各种物质含量，如营养盐、重金属、有机磷农药等，然后将所采集的数据通过无线发射装置传输至监控中心，最后利用数据末端对接收的数据进行处理。这就是利用物联网技术建立的海洋环境智能监测系统的工作原理。在这个系统中，每一个节点都可连接不同的传感器，在实际工作中，我们可根据监测的具体情况来调整传感器的安装位置。

2. 物联网技术在环保行业数据库的应用

在全球信息化特别是在大数据时代的背景下，数据库的建设和完善对一个产业的发展是至关重要的。作为基础数据平台，数据库是环保物联网中重要的一环，环保产业数据库主要包括环境保护资讯数据库、法律法规数据库、统计数据库、产品数据库、技术数据库、项目数据库、企业数据库、专家数据库、M&A数据库等。环保企业和研究机构等可以通过这些数据库对数据进行查询、运算和分析，以得到环境状况、政策法规、行业发展现状、市场潜力、竞争主体情况、主流与前沿技术等信息，为产业链上的环境制造业和环境服务业的行业咨询与研究、企业相关决策制定等提供依据。

3. 物联网技术在环保企业运营方面的应用

物流、电子商务等近年来迅猛发展的领域，已在相当程度上通过基于物联网的信息管理技术实现了智能运营。以企业资源计划（ERP）系统为代表的综合管理系统在企业运营中可将物资资源管理（物流）、人力资源管理（人流）、财务资源管理（财流）、信息资源管理（信息流）集成一体，实现对运营流程的科学管理和优化，以达到资源的最高效配置。而现阶段，我国环保产业对这类系统的应用还不够充分和彻底，尚处于起步阶段，尤其是中小型环保企业。

目前在环保产业中，关于智能管理平台的研究主要集中在生活垃圾的收转运系统的优化管理、地沟油及餐厨垃圾收运体系的监控和管理、进口废料的监管、资源的回收循环的管理等方面。

2.2　云计算技术

云计算技术是网格计算、分布式计算、并行计算、效用计算、网络存储、虚拟化、负载均衡等传统计算机技术和网络技术发展融合的产物。云计算是以服务为特征的一种网络计算，它以新的业务模式提供高性能、低成本的持续计算和存储服务，支撑各类信息化应用。

2.2.1　云计算的功能

云计算是一个虚拟化的计算机资源池，可以实现以下功能：

① 托管多种不同的工作负载，包括批处理作业和面向用户的交互式应用程序；

② 通过快速部署虚拟机器或物理机器，迅速部署系统并增加系统容量；

③ 支持冗余的、能够自我恢复且高可扩展的编程模型，以使工作负载能够从多种不可避免的硬件/软件故障中进行恢复；

④ 实时监控资源使用情况，在需要时重新平衡资源分配。

2.2.2　云计算的体系结构

云计算的体系结构如图2-5所示。

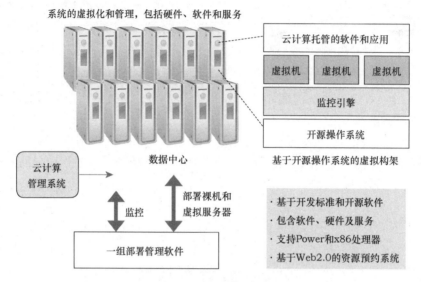

图2-5　云计算的体系结构

图2-5左边部分概括了云计算平台的体系结构。云计算体系由一个数据中心、一组部署管理软件、虚拟化组件和云计算管理系统组成。部署管理软件包括 IBM Tivoli Provisioning Manager（TPM）、IBM Tivoli Monitoring（ITM）、IBM Websphere Application Server（WAS）和IBM DB2，部署管理软件的作用是管理数据中心的计算资源，如服务器、存储和被托管的软件及应用。虚拟化组件提供了数据中心的虚拟化技术，配合部署管理软件，使数据中心的虚拟化成为可能。云计算管理系统则提供了用户申请云计算资源的界面，并允许管理人员制定云计算管理的规则。

图2-5右边部分是云计算最终用户看到的已安装好软件和应用的虚拟机。用户根据自己的需要，通过云计算管理系统界面，设定虚拟机的类型、容量和所需安装的软件，经过合法的批准流程，云计算会自动为虚拟机分配并配置好硬件，安装操作系统及所需的软件和应用，并将配置好的虚拟机的相关信息，如IP地址、账号和密码等交付给用户，用户就可以使用虚拟机了，使用方式就像自己使用一台服务器一样。

2.2.3 云计算架构

云计算的构成包括硬件、软件和服务：硬件主要是x86或Power的机器；软件包括管理计算机自动化的软件以及被管理的软件；服务是指云计算中心的搭建和以后的运维。云计算中心向它的用户提供的是装好软件和应用的虚拟计算机，这个虚拟计算机有可能对应一台物理机，也有可能多个虚拟机对应一台物理机。最终用户通过网络连接到虚拟机，相当于用户拥有了一台已装好他需要使用的软件的服务器。用户拥有一定的权限，当然他还可以安装其他云计算中心不提供的软件。云计算的架构如图2-6所示。

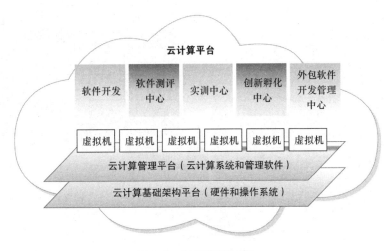

图2-6　云计算的架构

云计算架构的底层是硬件和操作系统的基础设施；在这之上是软件的系统和管理平台，包括一组部署管理软件、虚拟化组件和云计算管理系统；再上面是云计算提供的各种虚拟机；最上面是虚拟机的组合形成了各个具体的云计算使用中心，完成各中心对计算资源的动态和虚拟分配。

2.2.4 云计算的服务模式

根据NIST（National Institute of Standardsand Technology，美国国家标准与技术研究院）的权威定义，云计算的服务模式有SaaS、PaaS和IaaS三个大类或层次，如图2-7所示。这是目前被业界最广泛认同的划分方式。PaaS和IaaS源于SaaS理

念。PaaS和IaaS可以直接通过SOA/WebServices向平台用户提供服务，也可以作为SaaS模式的支撑平台间接向最终用户提供服务。

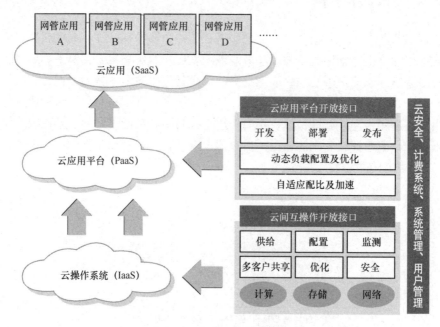

图2-7　云计算的服务模式

1. SaaS

提供给用户的服务是运营商运行在云计算基础设施上的应用程序，用户可以在各种设备上通过客户端（如浏览器）界面对其访问，消费者不需要管理或控制任何云计算基础设施，包括网络、服务器、操作系统、存储等。

2. PaaS

提供给消费者的服务是把用户采用开发语言和工具（例如Java、python、.Net等）开发的或收购的应用程序部署到供应商的云计算基础设施中。用户不需要管理或控制底层的云基础设施，包括网络、服务器、操作系统、存储等，但用户能控制部署的应用程序，也可能控制运行应用程序的托管环境配置。

3. IaaS

提供给消费者的服务是对所有计算基础设施进行利用，包括处理CPU、内存、存储、网络和其他基本的计算资源，用户能够部署和运行任意软件，包括操作系统和应用程序。消费者不管理或控制任何云计算基础设施，但能控制操作系统的选择、存储空间、部署的应用，也可对有限制的网络组件（例如路由器、防火墙、负载均衡器等）进行控制。

2.2.5 云计算的服务类型

从服务方式角度来划分,云计算可分为三种:为公众提供开放的计算、存储等服务的"公共云",如百度的搜索和各种邮箱服务等;部署在防火墙内,为某个特定组织提供相应服务的"私有云",如图2-8所示;将以上两种服务方式进行结合的"混合云"。

图2-8 公有云与私有云

2.2.6 云计算平台

云计算平台是具有图2-9所示特性的服务管理平台。

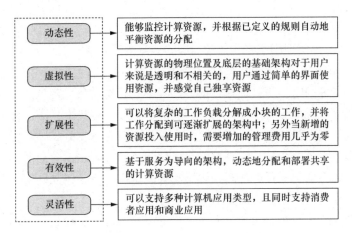

图2-9 云计算平台的特点

2.2.7　环保云

环保云计算是以环保各类参数为技术，提供高性能的持续计算和存储服务，支撑各类环保信息化应用。

1. 以往信息化建设模式的弊端

近年来，为提高环境保护工作的信息化水平，实现"信息强环保"的战略目标，全国环境保护系统实行了众多重大信息化建设工程，为实现"数字环保"奠定了良好的基础，但随着信息化的不断发展，环保系统涉及的信息化系统日益庞大，每个信息化系统都是在不同阶段、不同地点、不同技术体系、由不同承建单位建设的，这种建设模式的弊端日益呈现。

（1）信息资源分配不均、共享率低、无法承担大负载应用

环保行业目前信息化建设主要采用"烟囱式"独立建设模式，即为每个单一的应用建立从底至上的一整套信息化资源体系，每个应用都独占基础物理设施、软件设施，造成了资源的极大浪费，也造成了系统可用性的下降。

（2）建设成本、管理成本高

"烟囱式"信息化建设模式提高了应用系统建设成本，且由于众多信息化基础设施存在较大差异，系统运行管理人员在进行日常运行维护时压力较大。

（3）扩展能力较差

随着环境保护业务的不断发展变化，信息化建设也需要不断地进行调整和扩展，需要为不同的部门建立个性化的服务模式。在传统的建设模式下，每一种个性化服务都是独立的，不能进行通用性服务的共享，需要进行大量的重复性建设，制约了新业务的扩展。

2. 应用云计算平台的益处

（1）更好地实现国家各业务部门间的信息资源共享

环保云解决了以往企业计算资源调配不灵活、能耗高、计算存储资源不能合理按需配置等问题。所以环保云的纵向设计有管理政务、商务、传媒、文化体系；横向设计有管理、技术、经济、文化建设，行业涉及工程、咨询、设备、技术等领域，以上领域无一不可通过云计算模式进行数据处理、分析、决策、管理，最终服务于各个终端。云计算平台可以更好地实现国家各业务部门间的信息资源共享，为多部门间业务协同提供更高效的基础环境，以共同解决影响社会经济发展、生态环境及人民身体健康的重要问题。

我国环保云平台的云群有"政务云""水务云""文化云""治理云""商

务云""监测云""固废云"等，形成了"环保云群"大系统。

（2）对环境保护行业实现资源共享

环保云实现对环保行业的信息资源共享，最大限度地提高数据资源的利用率；云计算平台可以充分利用现有的软硬件资源，保护原有投资。

环保云可以为环境保护行业内业务协同和数据处理提供统一的数据标准支撑体系，通过建立水质监测、大气监测、固体废物及噪声等行业标准信息，以及环保行业分类代码、产业代码、流域水系代码等基础代码信息，统一数据源头，规范数据使用。

（3）加强政府对企业的管理力度

环保云通过环保信息化服务和电子商务协同建设，形成企业与政府环保管理部门间、企业与企业间、企业与个人间的环保信息互动平台，实现环保减排及环保业务处理计算机化、业务管理规范化、信息共享网络化、管理决策科学化，全面提高工业企业的环保管理水平，确保企业对环境保护的重视程度。

环保云通过强大的系统整合兼容能力，为政府对工业污染企业的减排管理、节能考核提供信息决策基础，为企业环保设施运行提供便捷化填报管理解决方案，为企业进行节能、环保等技术对接提供信息交流平台，实现政府环保管理和企业深化减排的双丰收。

2.2.8 环保行业云计算模型的构建

1. 环保行业云计算模型的总体构建

按照云计算的服务范围，云计算平台可以分为公有云和私有云两类：公有云服务指的是用户通过互联网从第三方供应商获取云计算服务；私有云则是在组织内部提供云计算服务，只供组织内部使用而不对外开放，由云的拥有者进行管理和维护。私有云是为满足一个特定组织机构需要而建的，它可以对数据、安全、服务质量提供有效控制。

在环保行业内部建立私有云平台可以对行业内部的敏感信息进行有效的保护并可在行业内实现共享，最大限度地提高数据资源的利用率；私有云可以充分利用现有的软硬件资源，保护原有投资；私有云一般建立在防火墙内，可以保护行业内现有的运维工作。

云计算可以按需弹性地提供服务，云计算模型需要结合环保行业信息化发展现状以及目前各大云计算服务提供商的技术经验来建立。

私有云计算模型共分为4层，如图2-10所示。

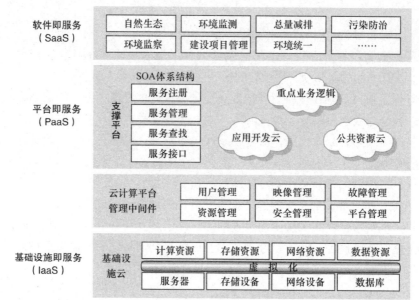

图2-10　环保云计算平台基础架构

第一层为基础设施层，对应云计算中的IaaS（基础设施即服务），是将主机、存储设备、网络及其他软硬件设施进行分布式集群、抽象化和虚拟化处理，将其虚拟化集群到一起，将异构的信息资源整合成相同类型的资源池，构成整个云计算与云服务的基础设施，并在此基础上形成基础设施云，提供可供调用的数据。

第二层为云计算管理中间件，是整个云计算体系中的核心管理模块，负责对云计算的资源进行管理，并对众多应用任务进行调度，管理协调整个服务系统，使资源能够高效、安全地为应用提供服务。该模块由用户管理、程序管理、资源管理、安全管理等部分构成。其中，资源管理负责均衡地使用云资源节点；映像管理负责完成用户任务映象的部署和管理；故障管理负责检测节点故障并试图对其恢复或屏蔽，并对资源的使用情况进行监视统计；用户管理负责对使用云计算平台的用户和应用进行统一创建、识别和认证；安全管理保障云计算设施的整体安全，包括综合防护和安全审计等。

第三层是平台层，对应云计算中的PaaS（平台即服务），它通过对现有应用支撑平台的"云"化，在基础设施层之上提供统一的平台化支撑服务。运用SOA（Service Oriented Architecture，面向服务构架）思想，将云计算能力封装成标准的Web服务，并将其纳入SOA体系进行管理和使用。

第四层是交付软件层，对应云计算中的SaaS（软件即服务），它将应用软件统一部署在服务器上，是整个云计算平台对外提供的终端服务，应用系统通过应用部署模式和底层的变化，在云架构下实现灵活的扩展和管理。环保系统内用户通过SaaS的方式从"云"中获得所需要的服务，研发工作人员可以通过使用云计算平台拥有的应用程序接口、Web服务以及平台运行环境进行相关的业务应用系统建设。

2. 环保行业的PaaS建设

整个环保云技术架构将作为环保系统的私有云形式构建，所有的基础设施（IaaS）均构建在环境保护业务专网上，与互联网实行逻辑隔离，所有的用户必须通过CA系统进行认证后才能访问。环境保护业务专网覆盖国家、省、市、区县4级环境保护管理机构及直属单位、派出机构。

PaaS是环保云计算平台的核心部分，实现对环境保护业务和信息技术的双重支撑。该层主要包括环保应用开发云、环保公共资源云和环保重点业务逻辑云，其基础架构如图2-11所示。

（1）环保应用开发云

环保应用开发云是统一的开发、集成、运行平台，通过构建适应于环保系统的、通用的身份认证管理、流程管理、报表管理、权限管理、数据处理模型对原有系统进行集成，为新建系统提供统一的开发运行环境，最终达到统一开发规范、统一集成规范、统一权限管理、统一运行环境的目的。

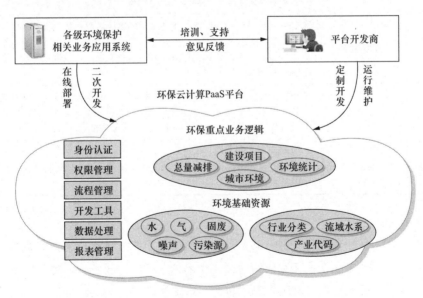

图2-11 环保云计算平台PaaS基础架构

（2）环保公共资源云

环保公共资源云为业务协同和数据处理提供统一的数据标准支撑体系，通过建立水质监测、大气监测、固体废物、噪声等行业标准信息，重点污染源等环境基础资源，环保行业分类代码、产业代码、流域水系代码等基础代码信息，统一数据源头，规范数据使用。

（3）环保重点业务逻辑云

环保重点业务逻辑云中包含了主要污染物总量减排、建设项目环境保护管理、环境统计、城市环境整治、水环境综合管理等多项环境保护领域重点工作的业务逻辑。环保重点业务逻辑云的项目说明见表2-1。

表2-1　环保重点业务逻辑云的项目说明

序号	项目	内容说明
1	主要污染物总量减排组件	支持主要污染物总量指标的核查与核算，通过对宏观经济指标、重点行业全口径数据、环境统计数据、排放强度系数等的综合计算，核定COD、SO_2、氨氮、氮氧化物4种主要污染物的排放量、新增量及消减量，为我国污染物总量减排提供数据支撑及理论依据
2	建设项目环境保护管理云	支持建设项目环境影响评价、竣工验收管理、项目延时变更等多项业务的8个业务组件，通过组件间的组合、调用，形成了覆盖建设项目环境保护管理全流程的业务应用服务
3	环境统计云	针对环境统计报表制度，支持每年环境统计数据的填报、审核与统计，实施范围包括工业、农业、集中式污染治理设施、城镇生活四大领域，近两万家调查对象，采取逐级上报、分级审批方式，分为年报和季报
4	城市环境整治云	可设定方式包括环境质量、污染控制、环境建设、环境管理在内的16项指标及40张基础数据清单，为全国600多个城市的环境综合整治提供数据审核、计算、分析汇总等多项功能
5	水环境综合管理云	为饮用水、地下水、地表水、重点流域、湖泊水库等水环境对象的管理提供服务，为水环境现状调查、水环境动态监管等业务工作提供技术支撑

3. PaaS利用模式

在省部级统一提供云计算PaaS，并由相关承建单位负责进行平台的定制开发和运行维护，省部级以下环保部门通过调用PaaS进行二次开发，并将应用系统统一部署在云计算平台上，由PaaS开发商统一对其他应用系统承建单位进行培训和技术指导，并负责收集改进意见，完善平台。

阿里云"蔚蓝地图"App，环境治理风向标

1.应用背景

"雾霾之上，穹顶之下，我们同呼吸，共命运"——央视辞职记者对雾霾的深度调查——《穹顶之下》在各大视频网站播出后，引起网友广泛关注，让网友很是震撼，也让实时监测雾霾的App"污染地图"，彻底火了一把。污染地图是阿里云于2014年6月推出的环境监测产品，可实时监测190个城市以及3000家企业的污染数据，2015年升级后更名为"蔚蓝地图"，新增了空气质量预报、霾预警，以及水质、水污染源实时监控数据等功能，旨在让公众参与环境治理，还世界一片碧海蓝天。

2.数据源

空气质量数据：主要指废气排放数据，包括污染物浓度、标准限值、超标倍数、排气量等。其中，废气主要包括二氧化硫、氢氧化物、碳氧化物等。

水资源数据：水资源分布信息、水源质量检测数据等。

地理数据：城市信息、企业分布数据等。

3.图说场景

App应用场景如图2-12所示。

图2-12 App应用场景

4.实现路径

"蔚蓝地图"在调用地理数据库及水资源数据库的基础上实时监测企业的废气排放数据，并对多省市废气污染源实时排放数据进行汇总。它借助阿里云平台进行复杂的数据运算，最终在App上展示城市污染指数排名、企业废气排放与超标信息、雾霾预警、水资源质量检测信息。

5.应用效果

公开污染源信息。实时监测污染源信息并在App上更新展示，便于群众及相关部门及时掌握污染源信息，督促相关部门第一时间进行治理。

空气质量预报。通过废气排放情况快速计算空气质量指数，进行空气质量等级排名及雾霾预警。

企业排污排名。在地图上清晰标注超标排放废气企业的名称，并标注该企业排放有害气体的控制指标检测值及标准对照值。是否超标排放一目了然。

城市环境评价。及时汇总多省市废气污染源实时排放数据，对城市环境进行实时评价。

积极建设"环保云"工程，开启贵州环保"云思维"

贵州省委省政府提出了云建设思路，这是一条应用高科技技术来解决问题最准确、最快捷、最客观的渠道。

1.取得的成效

贵州省环境保护厅按照省委省政府的要求，于2016年开始积极建设"环保云"工程，并以大数据为依托，转变政府管理模式，通过提升环境管理效率，加强社会监督等手段倒逼省内产业升级，淘汰落后产能。基于已有环境信息化建设成果，面向实际环境保护应用以及公众对于环境保护的参与需求，贵州省环境保护厅还开展了"环保云"应用平台的建设，并取得显著成效。

（1）建设环境自动监控云

环境自动监测云可对全省37个监测点位的地表水的水质、32个国控监测点位的空气质量、454家重点污染源排放进行24小时全天候不间断监控，实时获取海量环境监控数据，有关数据进入"云上贵州"系统，为政府管理提供服务。

（2）建设环境地理信息云

基于GIS、RS、GPS技术，环境地理信息云实现环境业务数据基于"一张图"的分析、应用和展示。纵观于整个系统，全省污染源自动监控数据、环境自动监测数据、视频监控数据、环境保护专题数据等环境信息尽收眼底，实现了各类环境管理对象的全方位自动监控。

（3）建设环境公众应用云

通过政府网站和"环保云"外网门户可及时发布市民及媒体所关心的环境动态、环境质量信息，提供公众与环保部门互动平台。同时，"环保云"平台自动将业务推送到环保电子政务云进行办理，实现全流程网上办事及办公。

（4）建设环境移动应用云

采用移动互联的技术手段建设的移动执法系统能够全面提高环境监察执法工作效率，提升环保监察执法的能力、水平和规范执法流程。通过公众App展示贵州省的环境质量、环境监管、公众互动信息，为政府、企业和市民搭建移动互联的云技术桥梁。

（5）建设环境电子政务云

打造环保部门统一的电子政务外网云桌面，应用程序一处部署，随处运行。突破传统业务办理模式，取代纸质文件流转形式，将厅长信箱投诉、咨询等环境业务交互到内网云平台全面处理。

（6）建设环境监管云

通过应急信息系统实现应急基础信息管理、应急知识库管理、系统规范化管理。在应急信息管理系统中，基于应急预案的内容，建立风险防控体系，利用知识库支撑，做好应急保障。

2.推进"环保云"持续发展的措施

贵州省"环保云"初期建设时的着眼点是从云到"省本级应用端"的建设，实现了较好的示范作用。接下来则立足于资源整合，从三个方面入手，进一步推进环保云持续发展。

（1）扩展云应用覆盖的环境管理业务范围

横向扩展应用云类型，囊括总量减排、机动车管理、清洁生产、限期治理、大气污染、成考建模、水环境防治与项目管理等业务线，以增加信息维度来扩充云的体量，让云不但具有海量数据，而且还可扩展更多分析维度。

（2）推进"环保云"在各级环境管理部门的应用

将"环保云"纵向延伸到下辖9个州市、88个区县环境管理部门，扩充

云的惠及范围，利用云的高效性来增加使用端的数量，扩充云的体量，增加数据分析样本，让大数据挖掘更加接近真实情况。

（3）探索"环保云"新的运营模式

从主要的政府层面渗透到企业内部，以移动通信连接云到"端"，为省内有关企业提供丰富的数据，让环保部门数据不但从企业来，还能为企业提供数据服务，实现内外的数据双向反馈环；同时计划实施政府一次性投入启动投资、企业逐年承担运维费用的方式，探索新的产业投资与建设模式。

2.3 地理信息系统（GIS）技术

2.3.1 什么是 GIS

GIS就是一个专门管理地理信息的计算机软件系统，它不但能分门别类、分级分层地管理各种地理信息，而且还能将它们进行各种组合、分析、再组合、再分析等，同时还能进行查询、检索、修改、输出、更新等操作。GIS还有一个特殊的"可视化"功能，就是通过计算机屏幕把所有的信息逼真地再现到地图上，成为信息可视化工具，清晰直观地表现出信息的规律和分析结果，同时还能在屏幕上动态地监测"信息"的变化。总之，GIS具有数据输入功能、预处理功能、数据编辑功能、数据存储与管理功能、数据查询与检索功能、数据分析功能、数据显示与结果输出功能、数据更新功能等。通俗地讲，GIS是信息的"大管家"。GIS一般由计算机、地理信息系统软件、空间数据库、分析应用模型图形用户界面及系统人员组成。GIS技术现已在资源调查、数据库建设与管理、土地利用及其适宜性评价、区域规划、生态规划、作物估产、灾害监测与预报、精确农业等方面得到广泛应用。

GIS技术的特点可归纳如下。

1. 数据输入

数据输入是把现有资料按照统一的参考坐标系统、统一的编码、统一的标准和结构组织转换为计算机可处理的形式，输入到数据库中的过程。除了在地图上手扶跟踪数字化、图形扫描外，目前GIS的输入越来越多地借助非地图形式，RS（遥感技术）数据和GPS（全球定位系统）数据已成为GIS的重要数据来源。

2. 数据处理

GIS对空间数据的处理主要包括数据编辑、数据综合、数据变换等。GIS中的数据分为栅格数据和矢量数据，如何有效地存储和管理这两类数据是GIS要解决的基本问题。大多数GIS采用了分层技术，即根据地图的某些特征，把它们分成若干图层分别存储，把选定的图层叠加在一起就形成了一张满足某些特殊要求的专题地图。

3. 空间分析和统计

空间分析和统计是GIS的一个独立研究领域，它的主要特点是能够确定地理要素之间新的关系，为用户提供一个解决各类专门问题的工具，这也是GIS得以广泛应用的重要原因之一。GIS的空间分析分为矢量数据空间分析和栅格数据空间分析两大类：矢量数据空间分析包括空间数据查询和属性数据分析、缓冲区分析、网络分析等；栅格数据空间分析包括记录分析、叠加分析、统计分析等。

4. 地图显示与输出

GIS可将空间地理信息以地图、报表、统计图表等形式显示在屏幕上，利用开窗缩放工具可以对所显示的地图中的任意点和范围进行无级开窗缩放，也可以按照某一比例尺显示，进行分析对比；还可按照用户需要设置制图符号和颜色，根据编辑好的空间数据分层选择，通过逐层叠加形成各种专题图，通过绘图机、打印机等输出。

5. 二次开发和编程

大多数GIS都提供二次开发环境，包括提供专用语言的开发环境，用户可在自己编程环境中调用GIS的命令和函数。系统配有专门的控件，供用户的开发语言（C++、VB、VC++、Dephi等）调用等。用户可以很方便地编制自己的菜单和程序，生成可视化的用户界面，完成GIS的应用功能的开发。

2.3.2　GIS 技术在环保中的应用

1. GIS技术在环境监测中的应用

（1）GIS技术在土壤监测的应用

土壤监测主要表现在对土壤侵蚀、沙化、盐碱化、酸化、污染以及水土流失等方面的监测，土壤环境监测中使用"3S（GIS、RS、GPS）"技术，可以快速

实现对土壤的采样和检测等，实时掌握土壤环境情况，并建立土壤信息系统。

利用RS技术可以迅速获取大范围区域内的土壤、植被、水文等较为准确的基础资料，利用GPS技术可以为相对较小的地域（如小流域等）提供更高精度的几何定位信息，还可以实现实时纠正、校正数据库相关信息，GPS技术和RS技术的结合，则可以为GIS技术提供精确、定量的数字信息源。利用"3S"技术实施水土保持动态监测，可以快速、准确、全面、更新地了解区域内土壤污染情况。

（2）GIS技术在河流、湖泊水环境监测中的应用

在河流与湖泊水中，清洁水的光吸收能力强，反射率低，使得清洁水与污染水在遥感影像中的颜色色调不同。例如，当水体出现富营养化时，由于浮游植物中的叶绿素对近红外光具有明显的"陡坡效应"，因此水体兼有水体和植物的光谱特征，在彩色红外图像上，呈现红褐色或紫红色。根据这一特点，系统综合利用RS、GPS及常规监测技术，以GIS为信息处理平台，通过对被污染水体与正常水体的光谱资料的比较，可监测水体的污染源、影响范围、面积和浓度等，从而对一个地区的水资源和水环境等做出科学评价。

（3）GIS技术在海洋监测中的应用

海洋污染源主要有两类：一类是石油污染，包括船只排油、溢油事故、海上油井泄漏等；另一类是污水污染，包括工业污水和生活污水。

由于海水中各波段对不同物质的影响在显示上有所不同，因此我们可以通过不同的处理来获取海面虚浮泥沙、浮游生物等污染物的信息。对海洋生物的监测则可以利用其对不同光线的吸收程度进行分类监测，从而快速有效地监测海洋资源数量与质量。通过对资源卫星数据的处理，我们可以把油膜从海水背景中区分出来，并能计算出各区的面积和油量；通过对污染发生后各天的气象卫星图像的对比分析，可以确定油膜的漂移方向，计算出其扩散速度和扩散面积。

（4）植被覆盖、沙漠化监测

GIS技术通过对卫星遥感系统获取遥感影像数据，并对影像数据进行判断、叠加和分析，可以获取区域的植被覆盖率、土地沙化程度等重要的基础数据资料。有了这些资料，我们就可以了解区域范围内的植被覆盖率、荒漠化发展趋势和特点，进而分析这些变化的原因，确定是人为还是自然条件引起的。另外，我们在图像数据的基础上将遥感图像、地形图、野外的区域资料等一系列数据输入计算机，通过GIS建立荒漠化灾害信息数据库，利用不同的数据接口与地理信息系统相连接，就可以进行荒漠化灾害动态监测与评价。这对植被覆盖、沙漠化防治措施的实施起到了重要的作用。

2. GIS技术应用于自然生态

在进行自然生态现状分析的过程中，我们利用GIS可以比较精确地计算水土

流失率、荒漠化率、森林砍伐面积等，客观地评价生态破坏程度和波及的范围，为各级政府进行生态环境综合治理提供科学依据。

国家环保总局把GIS技术与遥感技术相结合，对我国西部12省的生态环境现状进行调查，了解了西部地区生态环境的空间分布与空间统计状况、生态环境质量状况和生态环境变化的空间规律特点，这些数据为该地区经济的可持续发展与资源环境的可持续利用提供了科学依据。

青海省遥感中心将"3S"技术运用到青海湖环湖重点区域调查上，快速查清了该区域土地利用、土地覆盖现状，建立了生态环境数据库和生态环境评价指标体系，为政府规划决策、资源开发、环境保护提供了宝贵资料。

3. GIS应用于环境应急预警预报

建立重大环境污染事故区域预警系统，使其能够对事故风险源的地理位置及其属性、事故敏感区域位置及其属性进行管理，提供污染事故的大气、河流污染扩散的模拟过程和应急方案。

大连市的"重大污染事故区域预警系统"把重大污染事故的多种预测模型与GIS技术相结合，当某一风险源发生事故时能够提供应急措施、报警信息和救援信息，为重大污染事故应急指挥奠定了基础。上海市应用"3S"技术开发了环保应急热线系统，该系统采用GIS技术进行污染源搜索和定位；将GIS技术与GPS技术结合起来，用于出警指挥和导航；用RS技术获取地面信息，解决了GIS基础底图动态更新问题。通过"3S"技术的综合应用，环保应急热线系统更好地发挥了在环保执法和应急事件中的作用。

4. GIS技术应用于环境质量评价和环境影响评价

由于GIS能够集成管理与场地密切相关的环境数据，因而其也是综合分析评价的有力工具。环境影响评价是对所有的改、扩、建项目可能产生的环境影响进行预测评价，并提出防止和减缓这种影响的对策与措施。利用GIS的空间分析功能，我们可以综合性地分析建设项目中的各种数据，从而确立环境影响评价模型。由于GIS具有层的结构，可将不同的环境影响进行计算并叠加，因此相关环保研究机构已利用GIS技术进行编制环境影响评价报告书和制图。

在区域环境质量现状评价工作中，我们可将地理信息与大气、土壤、水、噪声等环境要素的监测数据结合在一起，利用GIS软件的空间分析模块，对整个区域

的环境质量现状进行客观、全面的评价，以反映出区域中受污染的程度以及空间分布情况。如果该区域通过叠加分析，则可以提取该区域内大气污染布图、噪声分布图；通过缓冲区分析，我们可了解污染源影响范围等信息。

5. 应用GIS制作环境专题图

环境制图是环境科学研究的基本工具和手段。与传统的、周期长、更新慢的手工制图方式相比，利用GIS建立地图数据库，可以达到一次投入、多次产出的效果。它不仅可以向用户输出全要素地形图，而且可以根据用户需要分层输出各种专题图，如污染源分布图、大气质量功能区划图等。GIS的制图方法比传统的人工绘图方法要灵活得多，它在基础电子地图上，通过加入相关的专题数据就可迅速制作出各种高质量的环境专题地图。我们可以根据实际需要从符号和颜色库中选择图件，使之更好地突出专题效果和特性。

2.3.3　GIS 技术在环境保护中的优势

GIS对环境管理中的各种专业实施强有力的分类管理，可提供丰富快捷的查询、分析和统计功能；还具备环境监测、环境评价等多种功能；并可打印各个环节产生的数据或图表，从而使管理更加方便。

1. 污染源信息查询

污染源信息查询包括污染源点定位、多媒体介绍、污染源单项查询、污染源图元属性查询、地方数据库查询、污染信息查询、污染区域查询，可实现对污染源的单项信息查询（如工业用水、工业废水、工业能耗、工业固废、工业治理设施），以及对监测点的各方面（二氧化硫、氮氧化物、总悬浮颗粒物、一氧化碳、降尘、降水pH值）污染信息的查询；还可查询自定义范围（圆形、矩形、任意多边形）内某一年污染源的污染信息，并提供多种直观输出方式。

2. 污染源历年统计和分析

污染源历年统计和分析包括筛选企业分析、各污染物排序分析、污染源报告分析、污染源缓冲区分析、污染源区域分析、污染源水系分析、大气环保预测、三维地貌显示、等标负荷分析。对各种污染物进行排序分析，能直观反映各企业的排污严重情况，快速统计污染源废水排放量、废气排放量、废水等标污染负荷、废气等标污染负荷。该分析有点源模式和面源模式两种分析模型。

3. 监测资料分析

监测资料分析包括污染点位分析、污染等值线分析、大气环境质量状况分析、污染变化趋势分析、大气质量周报分析、区域噪声地图化分析、道路交通噪声图分析等。系统采用等值线方式分析全区范围的污染情况，提供平面和立体等值线两种分析模式，对大气环境质量按年度分析四季污染（二氧化硫、氮氧化物、总悬浮颗粒物、一氧化碳、降尘、硫酸盐化速率、降水）的变化趋势，并在地图上动态绘制直方图。

4. 图形/数据库编辑

图形/数据库编辑是污染源常用的编辑功能，它可编辑污染物基本信息和污染物的图形数据，保存污染专题图的点文件。

2.4 大数据技术

大数据是由数量巨大、结构复杂、类型众多数据构成的数据集合，具有4V特点，即Volume、Velocity、Variety、Value。大数据分析基于云计算应用模式，通过多源融合和数据挖掘，形成有价值的信息资源和知识服务。

2.4.1 何谓大数据

大数据又称巨量资料，指的是所涉及的数据资料量规模巨大到无法通过人脑甚至主流软件工具，在合理时间内达到撷取、管理、处理、并整理成为帮助企业经营决策的资讯。

1. 大数据的由来

大数据是继云计算、物联网之后IT产业又一次颠覆性的技术变革，对社会的管理、发展的预测、企业和部门的决策，乃至对社会的方方面面都将产生巨大的影响。

大数据的概念最初起源于美国，是由思科、威睿、甲骨文、IBM等公司倡议发展起来的。从2009年始，大数据成为互联网行业的流行词汇。大数据企业大多致力于让所有用户从任何数据中都能获得可转换为业务执行的可用数据。

最早提出"大数据时代已经到来"的机构是全球知名咨询公司——麦肯锡。2011年，麦肯锡在其研究报告中指出，数据已经渗透到每一个行业和业务职能领域，逐渐成为重要的生产因素；而人们对于海量数据的运用将预示着新一波生产率增长和消费者盈余浪潮的到来。

大数据是一个不断演变的概念，当前的兴起，是因为从IT技术到数据积累，都已经发生重大变化。仅仅数年时间，大数据就从大型互联网公司高管嘴里的专业术语，演变成决定我们未来数字生活方式的重大技术命题。2012年，联合国发表大数据白皮书——《大数据促发展：挑战与机遇》；EMC、IBM、Oracle 等跨国 IT 巨头纷纷发布大数据战略及产品；几乎所有世界级的互联网企业，都将业务触角延伸至大数据产业；无论社交平台逐鹿、电商价格大战还是门户网站竞争，都有大数据的影子。大数据正由技术热词变成一股社会浪潮，影响着社会生活的方方面面。

2. 大数据的特点

大数据具备Volume、Velocity、Variety和Value 4个特征，简称为"4V"，如图2-13所示，即数据体量巨大、处理速度快、数据类型繁多和价值密度低。

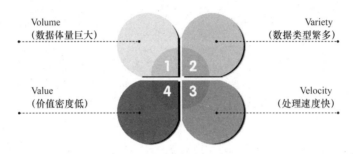

图2-13　大数据的4V特点

（1）Volume——数据体量巨大

表示大数据的数据量巨大。数据集合的规模不断扩大，已从GB到TB再发展到PB级，甚至开始以EB和ZB来计数。比如，一个中型城市的视频监控头每天就能产生几十TB的数据。

（2）Variety——数据类型繁多

表示大数据的类型复杂。以往我们产生或者处理的数据类型较为单一，大部分是结构化数据。而如今，社交网络、物联网、移动计算、在线广告等新的渠道和技术不断涌现，产生大量半结构化或者非结构化数据，如XML、邮件、博客、即时消息等，导致新数据类型剧增。企业需要整合并分析来自复杂的传统和非传统信息源的数据，包括企业内部和外部的数据。随着传感器、智能设备和社会协同技术的爆炸性增长，数据的类型包括文本、微博、传感器数据、音频、视频、点击流、日志文件等。

（3）Velocity——处理速度快

数据产生、处理和分析的速度持续在加快，数据流量大。加速的原因是数据创建的实时性，以及需要将流数据结合到业务流程和决策过程中的要求。数据处理速度快，处理能力从批处理转向流处理。业界对大数据的处理能力有一个称谓——"1秒定律"，也就充分说明了大数据的处理能力，体现出它与传统的数据挖掘技术有着本质的区别。

（4）Value——价值密度低

大数据由于体量不断加大，单位数据的价值密度在不断降低，然而数据的整体价值在提高。有人甚至将大数据等同于黄金和石油，表示大数据当中蕴含了无限的商业价值。

2.4.2 大数据在环境保护领域中的应用探究

在把大数据技术、服务应用在现代环境保护与生态文明建设过程中时，我们可以合理利用大数据解决环境保护工作中的一些棘手问题。

1. 数据公开与数据收集

只有进一步提高环保系统中各相关部门的数据公开水平，才有助于实现大数据应用的创新。推动我国大数据的发展，重点在于推行数据公开。各行各业应公开并收集整理数据，把数据入库进行数据分析，再将分析结果完整地展现在公众面前，进而让数据这一生产要素可以自由流动，在流动过程中可逐渐提高数据的附加值。同时，借助互联网、传感器网络等先进的技术手段，环保管理单位以及环保志愿者们可以很方便地将收集到的数据传送至数据中心，间接地让公众成为环保部门工作的有力监督者，有助于环保部门加大力度治理违法排污企业。

2. 空气质量预警预报

充分利用气象数据、空气质量自动监测得到的数据、污染源自动监控得到的数据进行相关性分析，达到空气质量预警预报的目的。同时，通过大数据技术、应用服务分析与环境保护、生态文明建设之间关系，进一步探究进行生态文明建设的内在规律，从宏观角度来看，可服务于人类长远的生存、发展。另外，借助大数据技术进行空气质量预警预报，有利于警醒人们对环境保护问题的重视，进一步大力普及环境保护方面的知识。研究理论成果的出现，可以整合整个社会的力量关注环境保护问题，推动重大社会问题的治理，以此促进人类社会和谐、快速发展。

3. 利用大数据采集技术分析环境污染成因

环保部门可以将各种不同种类的环境指标信息和污染源排放信息相互结合，开展数据分析活动，通过科学的分析合理预测企业排污强度、污染源分布情况及

其对周围环境质量的影响，并以此为依据制定环境治理方案，定时监测环境治理效果，不断改进治理方案。虽然大数据是一个重要的分析、衡量工具，但它并不能分析、衡量所有事物，很多非量化事物需要人类独特的思维力去把握。但是大数据技术可以辅助人类判断与预测。将大数据技术应用在环保领域，可有效提高我国环境保护治理水平，为我国核心竞争力的提高提供有力支持。

追求可持续、数据驱动的绿色城市

近年来，拥有陆地面积1.6平方千米、居民1.8万人的哈姆滨湖城，大力开展智慧城市建设，其目标是成为未来城市发展的标志和典范。

哈姆滨湖城信息中心负责人玛琳娜·卡尔松表示："如何使用有限的城市资源和能源来满足城市居民的需求，同时又保证资源可持续以及循环利用才是智慧城市最大的挑战。"

在哈姆滨湖城，我们能看见一排电子垃圾桶，分别用于接收食物垃圾、可燃物垃圾以及废旧报纸等不同类别的垃圾。垃圾桶通过各自的阀门与同一条地下管道相连，阀门分别在每天自动打开两次，不同类别的垃圾进入地下管道，并以每小时70千米的速度被输送到远郊，在电脑的控制下自动被分离并输送到不同的容器里，按需要循环利用，整个过程都是通过电脑控制的。玛琳娜说，这个系统提高了垃圾传输和处理速度，以及再利用效率，环境保护程度相应就提高了。这就好比把一个装着技术、设施、行为、环境等的大盒子，放到可持续性这么一个托盘上。

由于斯德哥尔摩特殊的地理环境，很多地区被湖水或海水隔断，哈姆滨湖城这样的近郊地区很容易形成"孤岛"，因此与市中心的交通衔接便十分重要。根据网络提供的实时路况信息和出行路线规划，每天大约有7万人骑自行车穿越斯德哥尔摩市区，让人们选择最便捷、最环保、最舒适的出行路线。市政府在交通信号灯的设计上，遵循了自行车优先原则，其次是公交车。在斯德哥尔摩，30%的城市居民选择走路或骑自行车上下班；61%的人乘坐公共交通工具；2.5万辆汽车为绿色车辆，采用新能源的比例达到26%。

公共交通设施是衡量智慧城市的一个重要指标，斯德哥尔摩的公共交通系统已经实现了智慧化，可以随时随地用手机查阅交通工具到达时间，也可以通过短信来买票。瑞典信息技术研究中心高级科学家马库斯·比隆德说，"越来越多的人选择了公共交通，最终有益于城市环境的可持续发展。"

一位在哈姆滨湖城居住了8年多的瑞典人微笑着说："其实这里原来就是个旧工业区，环境差，治安也恶劣，现在发展成一个现代化的追求可持续性的城区，这本身就很智慧。"让科技、环境、资源、基础设施、生活质量、城市适应力和居民意识像斯德哥尔摩居民喜欢的多座自行车一样，各环节协同驶向可持续性城市。这背后的理念更像是一种哲思。

他山之石

虚拟河流——智慧的水污染治理

大数据应用在环境保护上有两个亮点：一是360天×24小时的不间断环境变化监测；二是基于可视化方法的环境数据分析结果和治理模型的立体化展现。通过虚拟的数据，模型可以模拟出真实的环境，进而测试制定的环境保护方案是否有效，这种极具创意的环境治理方式已经在多个国家得到应用。

纽约曼哈顿有一条哈德逊河，北起阿迪龙达克山区，绵延500千米南下，入海口在纽约港。在过去20年里，居民造成的下水道污物的沉积，以及近代大型工厂倾倒的有毒化学物质，致使这条生态系统敏感的河流受到严重污染。通用公司的两家工厂还曾将含有多氯联苯的工业污水，直接排放到哈德逊河里。多处河段不能作为饮用水水源，渔业年产量锐减60%。

20世纪80年代，环保主义热潮涌起，为了保持、恢复哈德逊河的生态系统，纽约州政府发起了一个"新一代的水资源管理计划"。他们在河流的全程都安装了传感器，一些传感器甚至高达两米。这些传感器把水的不同层面，以及各种物理、化学、生物数据包括河流中的盐度、浊度、叶绿素和颗粒物粒径等信息，实时地通过网络传递到后台的计算中心区；在水面之上的传感器则负责收集河流的风向和风压数据。数据像流水一样不间断地生成，不间断地被处理，分析人员并将其与历史数据进行比对。

传感器将从河中与周边环境收集到的数据以实时连续的方式传送给系统管理层，在接下来的环节，关于河流的不同类型的数据将被清洗，后台通过消除数据的异源性，将关于哈德逊河的数据一致化，并使其具有互通性，然后在分析管理平台对这些数据进行可视化的展现，在研究人员的电

脑显示屏上，各种数据汇成了一条虚拟的哈德逊河，流水何时被污染，化学、物理、生物成分发生了什么变化，一看便知。接下来，数据研究人员便可利用这些处理过的信息模拟一个哈德逊河的环境模型和治理方案，评估不同的治理和人为干预对于哈德逊环境的多方影响，以保证在实际治理时的效率和效果。

经过多年努力，哈德逊河流已逐渐恢复其清澈的水质和优美的环境。现在每年的父亲节，人们都通过持续两天的环保音乐节——清水节来庆祝哈德逊河的重生。

污染地图，向公众发出邀请

2006年，马军创立公众与环境研究中心（IPE），主持开发了"中国水污染地图""中国空气污染地图"和"固废污染地图"项目，建立了国内首个公益性的水污染和空气污染数据库，将环境污染情况以直观、简单、易懂的图表进行展现。在公众与环境研究中心的网站上，我们能访问到醒目的中国空气污染地图、水资源污染地图、固废污染地图。地图采用Flash技术生成，公众点击地图后，可以访问每个地区的环境质量信息、地区排放信息等。通过这个公益数据库，任何一个用户都可以进入31个省级行政区和超过300家地市级行政区的相应页面，检索当地的水质信息、污染排放信息和污染源信息，包括超标排放企业和污水处理厂信息。

2.5 "天空地"一体化遥感监测技术

2.5.1 遥感技术（RS）

RS是指从高空或外层空间接收来自地球表层各类地物的电磁波信息，并通过对这些信息进行扫描、摄影、传输和处理，从而对地表各类地物和现象进行远距离控制测试和识别的现代综合技术。

在不直接接触有关目标物的情况下，在飞机、飞船、卫星等遥感平台上，使用光学或电子光学仪器即传感器接收地面物体反射或发射的电磁波信号，并以图像胶片或数据磁带记录下来，传送到地面，经过信息处理、判读分析和野外实地验证，最终服务于资源勘探、动态监测和有关部门的规划决策。遥感技术包括了整个接收、记录、传输、处理和分析判读遥感信息的全过程，也包括遥感手段和遥感应用。

从遥感器接收信息到遥感信息应用的全过程如图2-14所示。

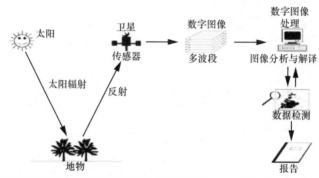

主要环节	目标物	传感器	遥感地面系统	成果
遥感功能	物体发射和反射电磁波	收集、传输信息	信息分析信息处理	专业图件统计数字

图2-14 从遥感器接收信息到遥感信息应用的全过程

2.5.2 "天空地" 一体化

"天空地" 一体化遥感监测技术是实现智慧环保重要的基础支撑技术之一，即利用包括地面遥感车、气球、飞艇、火箭、人造卫星、航天飞机和太空观测站等多个观测地球的平台相互配合使用，搭载各种用途的传感器，实现对全球陆地、大气、海洋等的立体、实时观测和动态监测，是未来获取地球表面和深部时空信息的重要手段，也是智慧环保获取基础数据的重要技术。

1. 天

"天" 就是利用传感器，在航空器（如飞机）或航天器（如卫星）上，对遥

远的地物进行感知，即在"天"上利用卫星对大气质量（二氧化硫、氮氧化物、大气透明度等指标）进行宏观监测，掌握大范围区域内大气污染的空间分布状况。在"空"中针对重点大气污染区域利用无人机进行精细化监测，比如机载红外光谱探测系统对VOC（易挥发有机物质）的监测等。

2. 空

"空"主要是利用无人机遥感提供最及时、可靠、专业的高分辨率影像。

无人机是通过无线电遥控设备或机载计算机程控系统进行操控的不载人飞行器。按照系统组成和飞行特点，无人机可分为固定翼型无人机和无人驾驶直升机。

遥感，广义上泛指从远处探测、感知物体或事物的技术，即不直接接触物体本身，从远处通过仪器探测和接收来自目标物体的信息（如电场、磁场、电磁波等信息），经过处理分析，识别物体的属性及其分布等特征的技术。

无人机遥感是利用无人机技术、遥感传感器技术、遥测遥控技术、通信技术、GPS差分定位技术和遥感应用技术，自动化、智能化、专业化地快速获取地理资源环境等空间遥感信息，完成遥感数据采集、处理和应用分析的技术。

无人机在环境保护管理、环境监测、环境应急、环境监察、生态保护等方面都有应用。

国际上无人机的应用

1.美国

在美国，无人机已经开始越来越多地被用于各行各业。美国宇航局将军方原本用于战场的大型高空无人机加以改造，用来进行对飓风和热带风暴的监视和研究工作，无人机在美国也被广泛地用于土地管理和野生动物监测等。

使用无人机对于美国宇航局而言并非新鲜事，早在2009年，美国宇航局便开始使用"全球鹰"无人机开展极端天气和气候变化方面的研究。

在过去的9年间，美国宇航局已经对多个热带风暴系统开展研究。有了无人机收集的数据，美国宇航局希望加深对于雷暴云团以及来自非洲撒哈拉沙漠的沙尘在大西洋上空风暴加强过程中所起作用的认识。不仅如此，这些信息还将帮助科学家们校正传统的卫星数据。

2.俄罗斯

俄罗斯流体力学科研所研发的"红隼"微型无人驾驶直升机系统可在民用和军用领域执行各种任务，民用中的"红隼"用于生态环境监测、路况监视、全景摄影等。

它由一架微型无人机和装在一个小箱子中的控制设备组成，这一微型无人机按照直升机布局，机载设备微型化，目标定位精度高，电视摄像头视场稳定，这从根本上改变了无人机的面貌，并大大拓展了它的功能。

无人机完全采用复合材料制造，因而雷达信号特征低，其螺旋桨由电池供电的电动机驱动，这使"红隼"的飞行无噪声。微型无人机的电路设计最大限度地简化了飞行后的维护工作，只需更换蓄电池即可，必要时可更换载荷和有故障的桨叶。

"红隼"微型无人机质量轻、尺寸小、机动性高、可探测性低，容易突入被保护的目标区域。而机载电视摄像机分辨率非常高，可实时传输视频数据，因而成为"飞行眼"，这种无人机可实现"能看到一切，而不被看见和听见"。

3. 地

"地"是指除了在地面采用多种监测手段，还充分利用现有手段，比如水质自动监测站、大气自动监测站和传统取样监测等手段，实现精细化的综合监测。

在"地"面上主要利用车载差分吸收被动探测系统对特定的大气污染成分进行全方位的走航式探测。比如对大气中二氧化硫、氮氧化物等多种污染成分同时进行流动监测，掌握区域内主要大气污染物的时空分布情况。未来，我们还可采用紫外和红外双波段可调谐激光雷达，对重点区域的VOC无组织排放进行全覆盖监测，采用臭氧和散射雷达分别对臭氧和颗粒物进行流动监测等。同时，结合现有的大气自动监测站点对PM10、PM2.5、SO_2、CO_2、CO、O_3等进行全天时固定监测。这样的综合监测体系对大气污染防治将发挥重要作用。

他山之石

中科宇图"天空地"一体化监测助力精准治霾

近年来，雾霾天气在我国多地区频繁出现，并向外逐渐扩散。大气污染问题不仅制约了社会经济的可持续发展，也危害着人民群众的身体健

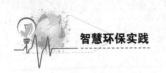

康。在此背景下，如何准确定位大气污染物的源头，靶向找源，推动大气的精准治理和系统治理，成为推动大气环境持续改善的必要基础。

中科宇图"天空地"一体化监测体系集卫星遥感、高空视频、无人机、网格化监测微站、激光雷达、污染源在线监测等先进立体监测技术于一体，通过卫星遥感+无人机+地面监测+人工核查的方式，有效提升污染找源的精准性，实现空气质量和污染源数据的全面采集。

1.天——卫星遥感技术

监测系统综合利用多源卫星数据，对区域尺度污染物、气溶胶等时空分布变化进行反演，掌握区域污染形势；利用卫星影像，基于多尺度时空数据融合技术，以及全景图像自动精准识别、多源数据自动差分等方法，实现未知排放源的快速查找和自动化提取。

（1）卫星遥感解译识别污染源

监测系统主要采用国产1米高分辨率卫星影像对污染源进行区域大范围排查，实现筛查补充污染源、对点源位置进行校准以及面源、线源的细化工作，形成卫星遥感影像挂图、卫星遥感影像电子图、卫星遥感影像污染源解译报告等成果。

（2）卫星遥感反演区域大气颗粒物分布

监测系统基于MODIS、NPP、葵花-8静止卫星和ZY-3等遥感数据，利用定量遥感技术和GIS技术，采用暗像元模型算法，实现大气污染物遥感监测，提供多种空间和时间维度的AOD、PM10、PM2.5浓度时空分布图，形成大气颗粒物逐小时遥感监测图、月均区域浓度分布图、年均区域浓度分布图等成果。

2.空——高空视频和无人机监控技术

在城市较高的位置布设高分辨率视频监控设备，对周边的电厂、污染企业、建筑工地、道路等进行实时视频监控，为环境执法提供依据。利用无人机搭载高清摄像机和红外传感器掌握污染源排放活动状态，识别排放异常污染源。

（1）重点区域无人机高空巡查

针对重点巡查区域，提供无人机巡查服务。通过无人机搭载光学、红外等传感器，我们可以监测区域大气环境污染物，确定重点污染区域和高频活动区域，在重点区域进行污染源的精细化定位和动态更新。针对无人机详查过程中发现的疑似污染源，我们将进行人工的现场核查，最终形成无人机巡查影像图、无人机巡查影像图解析结果图、无人机解析结果报告等成果。

（2）高空视频监控锁定污染排放企业

在城市较高的位置布设高分辨率视频监测设备，对周边的电厂、污企业、建筑工地、道路等进行实时视频监控，为环境执法提供依据。

3.地——微站、激光雷达及污染源监测技术

（1）激光雷达水平扫描获取污染地图

激光雷达由于具有波长短、单色性好、方向性强、相干扰性高和体积小等特点，因而呈现出较高的空间分辨率、探测灵敏度和抗干扰能力，可以用来测量气溶胶、云、能见度、大气成分、空中风场、大气密度、温度和湿度的变化，对城市上空环境污染物的扩散过程进行有效的监测。

（2）车载走航式监测追溯污染传输

系统采用先进的可调谐红外激光二极管差分吸收光谱技术、紫外差分吸收光谱技术、微弱信号监测技术及计算机图像识别技术，可在短时间内完成对实际行驶过程中的机动车所排放尾气中的CO、CO_2、NO、NO_2、HC和不透光烟度的监测，再通过拍照识别技术记录车辆相关信息，实时输出监测结果。该方法不影响车辆的正常行驶，同时还可避免监测人员与尾气的近距离接触所带来的污染。我们采用安装在汽车上的被动DOAS（差分吸收光谱技术）系统对所测城区和污染源进行连续测量，通过DOAS拟合方法来处理采集的太阳天顶散射光谱，获得测量点上的污染气体柱密度，从而分析区域污染输送情况。

（3）网格化监测布点追溯污染源

根据区域建成区和近期城市发展规划，进行网格化布点，点位布设区域覆盖整个行政区。将布点区域分为普通区域、重点区域和其他区域进行空气质量网格化布点。按照区域划分的不同，我们选择不同尺度进行网格均匀布点，具体尺度结合气象数据、监测数据、地形情况等因素以及当地的经济、环境、人口、工业等综合情况进行选择。将全区划为规则的正方型网格状，每个网格布设一个点位，每个点位部署一套环境空气质量小型监测仪，用来采集空气质量监测数据，并在此基础上部署一套空气质量网格化监测后台管理软件，对前端监测数据进行存储分析展示，最终达到对区域空气污染进行精细化监管与分析的目的。

我们采用网格法对全区进行监测点布设设计，并完成环境空气质量小型监测仪的选址、布设和安装，实时采集空气质量监测的数据，结合后台的管理软件，精确实时监测与分析区域空气环境的质量。

（4）重点区域人员现场核查

针对污染源重点区域，中科宇图配备多名专业工作人员提供现场核查服务。现场工作人员主要利用高密度便携式监测设备和在线监测设备，监控与核查污染源。根据活动状态，中科宇图对重点污染源进行人工排查，

以获取更精细的信息，支撑管理。

（5）重点污染区域污染源精细化调查

中科宇图运用以上先进的信息技术和现代管理理念，结合卫星遥感、无人机和人工核查等方式，实现"天空地"一体化与精准化的目标查找，有效提升大气污染环境监管能力，在智力支持和技术支撑的双重保障下，不断完善大气污染的防治工作。

2.6　环境模型模拟技术

地理信息系统与环境模型进行集成应用为环境决策提供技术支持已经成为环境保护决策的重要发展趋势。

环境模型模拟技术的最终目的是要还原一个实际系统的行为特征，模拟其物理原型的数学模型。如EFDC水质模型，通过构建多参数有限差分构建三维地表水动力模型，实现河流、湖泊、水库、湿地、河口和海洋等水体的水动力学和水质模拟，从而达到最佳的模拟效果，为环境评价和政策制定提供有效的决策依据。

第3章
智慧环保建设的必要性

当前，我国的环境污染非常严重，以可吸入颗粒物（PM10）、细颗粒物（PM2.5）为特征污染物的区域性大气环境问题日益突出。随着我国工业化、城镇化的深入推进，能源资源消耗持续增加，污染防治压力继续加大。

为促进区域环境质量预测预警的综合管理，建立健全的区域环境应急响应机制，提高预防、预警、应对能力，及时有效应对环境污染，保障人民群众身体健康，建立一套立体感知、智能响应的智慧环保系统就显得尤为重要。

3.1 我国环境保护事业发展历程

我国环境保护事业自20世纪70年代起步，经历了从无到有、从小到大、不断探索、逐步发展的过程，其历程可以大体分为三个阶段。

3.1.1 第一阶段（1973—1994年）：点源治理、制度建设

这一阶段，通过不断加强制度建设和开展重点地区污染治理，我国环境保护事业逐渐走上法制化轨道。

1973年8月，第一次全国环境保护会议在北京召开。1978年12月，中共中央批转了国务院环境保护领导小组第四次会议通过的《环境保护工作汇报要点》。1979年9月，《中华人民共和国环境保护法（试行）》颁布，第一次从法律上要求各部门和各级政府在制定国民经济和社会发展计划时必须统筹考虑环境保护，为实现环境和经济社会协调发展提供了法律保障。之后，《中华人民共和国水污染防治法》（1984年5月）、《中华人民共和国大气污染防治法》（1987年9月）、《中华人民共和国草原法》（1985年6月）、《中华人民共和国水法》（1988年1月）等环保单项法律相继颁布。1989年12月，《中华人民共和国环境保护法》正式颁布实施，是我国环境保护工作的重要保障，成为我国社会主义法律体系的重要组成部分。1990年，国务院印发《关于进一步加强环境保护工作的决定》，强调严格执行环境保护法律法规，依法采取有效措施防治工业污染，全面落实环境保护目标责任制、城市环境综合整治定量考核制、排放污染物许可证制、污染集中控制、限期治理、环境影响评价制度、"三同时"制度、排污收费制度八项环境管理制度，并把实行环境保护目标责任制摆在了突出位置。

这一阶段，我国环境保护国际合作领域取得显著进展。1984年，国务院环境保护委员会成立，环保参与国际合作的力度进一步加大。我国与30多个国家签署了环境合作协定，签署15个核安全与辐射环境合作协定，参加了亚太经合组织、亚欧会议、东北亚环境合作等区域环境合作会议和行动。1992年，中国环境与发展国际合作委员会（简称"国合会"）成立，进一步拓展了环境保护参与国际合作的深度和广度。国合会成为利用国际智力资源为我国政府科学决策服务的国际

合作平台，促进了中国与世界各国政府及国际组织在环境保护经验方面的"双向共享"。1992年6月，时任国务院总理李鹏应邀出席联合国环境与发展大会首脑会议并发表重要讲话。同年8月，我国发布了《中国环境与发展十大对策》，1994年3月，我国发布《中国21世纪议程——中国21世纪人口、资源与发展白皮书》。

1993年3月，全国人大环境与资源保护委员会成立并提出"中国环境与资源保护法律体系框架"，我国环境资源立法进入一个新的阶段。

随着经济快速发展，我国环境保护制度、机构和措施不断发展与完善，相继建立以环境保护是基本国策为核心的环境保护理论体系，以排污收费制度、"三同时"制度、环境影响评价制度为主体的环保制度和以《中华人民共和国环境保护法》为基础的法制体系，为下一阶段大规模环境治理奠定了基础。

3.1.2 第二阶段（1994—2004年）：流域整治、强化执法

20世纪90年代初，我国进入第一轮重化工时代，城镇化进程加快，城市生活型污染加剧，开始形成环境污染的结构型、复合型和压缩型特征。伴随经济粗放式快速推进，工业污染和生态破坏加剧，农业源污染问题凸显，一些地区的环境污染和生态破坏已经制约了经济社会的可持续发展，甚至对公众健康构成威胁。

这一阶段是强化执法、全面治理污染和保护生态的重要时期。我国在1992年开始正式编制全国环境保护年度工作计划的基础上，从"九五"时期正式开始编制国家环境保护五年规划，将环境保护规划纳入国民经济和社会发展的总体规划中。环境保护由单纯工业污染治理扩展到生活污染治理、生态保护、农村环境保护、核安全监管、突发环境事件应急等各个重要领域，并逐步参与到国民经济和社会发展的综合决策中。1998年6月，作为国务院直属机构的环境保护局升为环境保护总局。同年6月，核安全局并入环境保护总局，内设机构为核安全与辐射环境管理司（国家核安全局），核与辐射安全监管成为环保部门的重要职能。为了更好地协调有关部门共同推进环境保护，环境保护总局牵头建立了相关部际联席会议制度。2001年3月，第一次全国生态环境建设部际联席会议召开。7月，环境保护总局建立全国环境保护部际联席会议制度。2003年8月，经国务院批准，由环境保护总局牵头正式建立生物物种资源保护部际联席会议制度。

在这一阶段，国家提出污染防治抓重点流域区域，以重点带全面，推进全国环境保护工作的总体思路。1994年6月，环境保护局、水利部和沿淮的河南、

安徽、江苏、山东四省共同颁布我国大江大河水污染预防的第一个规章制度——《关于淮河流域防止河道突发性污染事故的决定（试行）》。1995年8月，国务院颁布了我国历史上第一部流域性法规——《淮河流域水污染防治暂行条例》，明确了淮河流域水污染防治目标。在相关法律法规的推动下，仅1996年，淮河全流域就有4000多家"十五小"企业被关闭。相关部门按照1996年开始实施的《中国跨世纪绿色工程规划》中突出重点、技术经济可行和发挥综合效益的基本原则，对流域性水污染、区域性大气污染实施分期综合治理；到2010年，共实施项目1591个，投入资金1880亿元；先后确定了"九五"期间全国污染防治的重点地区，即"三河"（淮河、辽河、海河）、"三湖"（太湖、滇池、巢湖）、"两控区"（二氧化硫控制区和酸雨控制区）、"一市"（北京市）、"一海"（渤海），集中力量重点解决影响群众生活、危害身体健康、制约经济社会发展的环境问题；同时提出了"一控双达标"的环保工作新思路，即实施污染物排放总量控制和工业污染源排放污染物要达到国家或地方规定的标准，直辖市及省会城市、经济特区城市、沿海开放城市和重点旅游城市的环境空气、地面水环境质量，按功能分区分别达到国家规定的有关标准。

20世纪90年代，我国污染治理从以末端治理为主向关注污染源头治理转变，清洁生产和循环经济得到快速发展。1997年，环境保护局发布了《关于推行清洁生产的若干意见》，要求各地环保部门将清洁生产纳入已有的环境管理政策。2002年6月，第九届全国人大常委会第二十八次会议通过《中华人民共和国清洁生产促进法》。此外，通过综合运用环保规划、推行ISO 14000环境管理体系认证、强化环境影响评价，相关环保部门逐步建立生产者责任延伸制度等手段，环境管理全过程控制不断得到完善和加强。

1998年11月，国务院印发《全国生态环境建设规划》，启动了一系列生态保护重大工程。1999年，国家开展退耕还林、还草工程试点，优先在生态敏感、生态安全地位重要区域开展退耕还林活动。2000年，国家投资千亿元的天然林保护工程全面启动，重点保护长江上游、黄河中上游和东北天然林资源。2000年11月，国务院办公厅印发《全国生态环境保护纲要》。2002年3月，国务院批复《全国生态环境保护"十五"计划》。2003年5月，环境保护总局发布《生态县、生态市、生态省建设指标（试行）》，进一步深化生态示范区建设。

21世纪初，我国部分流域水污染从局部河段向全流域延伸，重大污染事件集中爆发，加强防范突发环境事件成为这一阶段环境保护的重要内容。2002年3月，环境保护总局开始组建环境应急与事故调查中心。面对日益增多的突发环境事件，国家制定和完善了一系列涉及重点流域敏感水域水环境、大气环境、危险化学品（废弃化学品）应急预案以及核与辐射应急方案等一系列相关环境应急预案。2005年，我国政府制定《国家突发环境事件应急预案》，对突发环境事件信息接收、报告、处理、统计分析，以及预警信息监控、信息发布等提出明确要求。

与此同时，我国环境保护投入迅速增加，环境保护投资占GDP比例不断提高。"九五"期间，我国环保投资是"八五"期间的2.7倍，达到3516.4亿元。1999年，环保投入占GDP比例首次突破1.0%。"十五"期间，环保投资占同期GDP比例是1.19%。环保投资的增长，加快了城市环境基础设施建设，提高了城市污水和垃圾处理率。随着各级政府对污染防治工作重视程度的提高和环保投入的不断增加，污染防治工作开始由工业领域逐渐转向城市，城市环境综合整治工作取得积极进展。

3.1.3 第三阶段（2005年至今）：全防全控、优化增长

2005年以来，我国开始进入环境污染事故高发期，环境事件呈现频度高、地域广、影响大、涉及面宽的态势，环境污染损害人体健康问题日益突出，环境问题引发的群体性事件呈加速上升趋势。2005—2009年，先后发生的吉林松花江重大水污染、广东北江镉污染、江苏无锡太湖蓝藻暴发、云南阳宗海砷污染等一系列重大污染事件，对区域经济社会发展和公众生活造成严重影响，环境问题越来越成为重大社会问题。

2005年12月，国务院发布《关于落实科学发展观加强环境保护的决定》，确立了以人为本、环保为民的环保宗旨，该文件成为指导我国经济社会与环境协调发展的纲领性文件。"十一五"规划纲要针对我国资源环境压力不断加大的形势，提出了建设资源节约型、环境友好型社会的战略任务和具体措施。2006年4月，国务院召开第六次全国环保大会，提出"从重经济增长轻环境保护转变为保护环境与经济增长并重，从环境保护滞后于经济发展转变为环境保护和经济发展同步推进，从主要用行政办法保护环境转变为综合运用法律、经济、技术和必要的行政办法解决环境问题"的"三个转变"的战略思想。从此，我国环境保护进入了以保护环境来优化经济发展的全新阶段。2007年10月，党的"十七大"首次把生态文明建设作为一项战略任务和全面建设小康社会新目标明确下来。2009年，中国环境宏观战略研究提出了积极探索中国环保新道路的重大理论和实践命题。2011年，国务院召开第七次全国环境保护大会，印发《关于加强环境保护重点工作的意见》和《国家环境保护"十二五"规划》，为推进环境保护事业科学发展奠定了坚实基础。

智慧环保实践

3.2　我国环境信息化建设的现状与问题

3.2.1　管理建设方面

以环境保护总局信息中心的成立为契机，各级环保部门的努力和一批重大建设项目的实施，促使省、地市一级环境信息中心相继成立，目前我国已经基本建成了国家、省、部分重点地市三级环境信息机构，实现了环境信息队伍从无到有、从小到大的跨越式发展。

3.2.2　基础网络方面

目前，我国已建成覆盖全国省级环境保护局和121个城市环境保护局的卫星通信专网，网络可连接至全国87个自动水质监测站，实现了总局与各省级环境保护局之间电子公文无纸化传输。

3.2.3　应用系统建设方面

目前，我国建立全国重点污染源自动监控系统，可及时准确获取主要污染物排放数据，为污染减排、环境监管、风险防范提供基础支撑；同时建立重点城市空气质量自动监测系统、主要河流断面和饮用水源地水质自动监测系统，极大地提高了环境质量信息的时效性。针对生态环境监测和防灾减灾需要，我国发射了环境一号系列卫星，用于大范围、全天时监测生态环境，初步构建了由污染源自动监控、环境质量自动监测和卫星遥感监测组成的"天地一体化"的环境监测体系。通过组织一系列建设项目的实施，我国陆续开展了环境质量自动监测数据管理、污染源在线监测管理、环境统计、建设项目管理、排污收费、排污登记、生物多样性管理、环境质量管理、核与辐射管理、卫星遥感应用、自然保护区管理、核电厂在线监测管理、环境应急管理、固体废弃物管理等业务系统，优化了环境保护业务管理流程。

3.2.4 信息产品服务（持续提升）情况

围绕服务社会需要，我国环保部门大力推进环境信息资源开发利用，定期向社会提供环境质量公报、环境统计年报、空气质量日报、水质监测周报、卫星遥感监测简报等环境信息。各地环保部门开通"12369"环保热线，为群众投诉举报环境问题提供直通服务，并综合应用互联网、热线电话、电视节目、综合大厅等手段服务社会。

3.2.5 电子政务系统建设（效应凸显）情况

内网电子政务综合平台，部署了部机关履行职责的政务办公系统。基于专网的电子政务信息交换平台，集成了非涉密文档传输、政务信息、环境信访管理、值班管理、建设项目管理、环境统计、多媒体视频会议会商等20多项政务应用，基于专网的电子政务信息交换平台，可实现部机关与派出机构、直属单位、各省厅（局）政务信息的传输与交换。政府网站应用网络技术，实现环境信息公开、在线办事、行政许可和公众参与等。全国31个省级环境保护厅（局）均建了门户网站，三分之一的省（市）实现了行政许可事项网上申报。

3.3 我国环境信息化建设存在的问题

3.3.1 网络覆盖能力不能完全满足信息传输与资源共享的需要

我国环境信息网络建设已具有了一定规模，但现有环境信息传输网络仅覆盖到省级环境保护局和部分地市级环境保护局，随着环境管理应用需求的不断增加，环境数据实时传输、信息资源共享的要求将越来越高，因此，也需要我们不断加大网络的覆盖范围，提高传输速度并加强稳定性。

3.3.2 环境信息资源尚未得到全面有效的开发和共享

多年来，环境管理工作积累了大量的基础数据，但这些数据的采集、传输、加工、存储和应用比较分散，缺乏规范化管理，功能上还局限于简单的查询和统计，环境数据尚未能全面有效转化为可用信息资源。同时，部分地方和单位对环境信息化的要求认识不足，出现各自为政、封锁闭塞的现象，导致信息孤岛的出现，成为我国环境信息化建设的重要瓶颈。

3.3.3 环境管理核心业务信息化程度还有待提高

环保部门许多核心业务的数据库和应用软件尚待开发。环境信息化建设与运行维护资金比例失调，缺少系统建成后的更新维护和人员培训等应用能力建设，存在重硬件、轻软件，重建设、轻应用的现象，造成环境信息基础设施与环境管理应用脱节。

3.3.4 环境信息标准化建设和整体规划工作亟待加强

环境信息标准化建设是环境信息化建设的重要内容，但我国目前尚未形成完整的环境信息标准体系。标准的制定、更新相对滞后，不同部门采用的数据格式和标准不统一，为数据进行后期处理带来很大困难。

3.4 实施智慧环保的益处

3.4.1 智慧环保的作用

智慧环保的作用体现在如图3-1所示的几个方面。

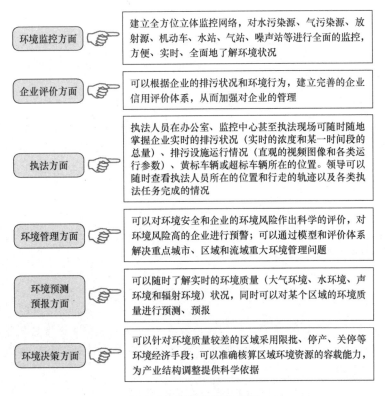

图3-1 智慧环保的作用

3.4.2 系统应用对象获得的益处

1. 面向政府部门

智慧环保对环境保护部门提升业务能力提供支持。系统可以实现全面感知包括水污染、空气污染、噪声污染、固废污染、化学品污染、核辐射污染等所有环境信息。智慧环保系统在环境质量监测、污染源监控、环境应急管理、环境信息发布等方面为环境保护行政部门提供监管手段，提供及时准确的一手数据，提供行政处罚依据，有效提高环保部门的管理效率，提升环境保护效果，解决人员缺乏与监管任务繁重的矛盾，是利用科学技术提高管理水平的典型应用。智慧环保可以实现环保移动办公，还可以提供移动执法、移动公文审批、移动查看污染源监控视频等功能。

2. 面向企业

智慧环保可以提高企业管理水平，准确掌握企业产生的废水、废气、废渣

的排放情况。比如生产线各流程产生的三废排量过高，将影响去污设备的处理效果。智慧环保系统将自动监控三废的排放情况，当去污设备无法完成净化工作时，企业可自行停止生产，这样可避免因超标排放或不合格排放所面临的罚单，同时也能承担起企业应有的社会责任。

3. 面向公众

智慧环保可以很好地满足公众对于环境状况的知情权，公众可通过环境信息门户网站了解当前环境的各种监测指标，还可以通过环境污染举报与投诉处理平台向环境保护部门提出投诉与举报，从而帮助环境保护部门更加有效地管理违规排污企业，以保持良好的环境。

璧山进入"智慧环保"时代

没有"智慧"的环境保护工作怎么做？璧山区环境保护局相关负责人这样解释：只能一家一家检，即使一个月只检查一次监管对象，按现在的人手计算也检查不过来。

1.有"智慧"的环境保护又是什么样的呢

无人机在清澈的璧南河上空不停盘旋，璧南河和两岸的情况在遥控器的屏幕上一览无余；

管道机器人轻巧钻入地下管道，只需使用电脑操控，就能行动自如地巡查、精准定位堵塞点；

设置在企业、排污口、烟囱外、垃圾站等地的全天候视频监控探头，可以实时拍摄影像和采集数据，并通过互联网传回系统，第一时间自动分析，自动生成环境监管任务派发给执法工作人员，要求进行处理；

……

随着生态文明建设的深入推进，智慧化、科技化的环保手段在璧山"层出不穷"。近年来，璧山区不断深化"智慧环保"建设，实现监控预警智能化、监管网络立体化、环保业务协同化，遍布璧山的监控预警机制与设施，为保护青山绿水布下了"天罗地网"。

2.物联网全面覆盖，环境监控布下"天网"

早在2015年，璧山作为全市首个环保物联网试点区县，就建成了环保物联网平台。在此基础上，璧山区通过升级物联网技术、建立分级智能监管、探索大环保机制和建设前端感知设备，升级环保物联网，有效提升了环境管控的效果。

璧山区将工业污染源监管巡查责任分为区、镇街、村社三级，并设置差异化分级巡查标准；同时，建立区级重点企业电子标签识别系统，规范环保巡查程序，将全过程监管信息通过手机环保通或电脑，实时传入璧山环保指挥调度中心，分步实现辖区重点工业污染源的智能化规范管理全覆盖。

对于废气排放大户和制砖行业，璧山区开展专项整治工作，设置脱硫设施和在线监测安装全覆盖，构建了一张拥有庞大数据支撑的多图层电子地图。

此外，璧山区环境保护局在璧南河安装了3套水质在线监测、视频监控设备，9套城区道路、工地、园区扬尘在线监测设备，6套空气质量网格化管理在线监测设备，建立3个空气自动监测站。通过环境质量在线监测、视频监控，璧山区环保局倒逼相关部门快速响应和处置环境突发事件。

3. 科技化智能监察，环境保护不留死角

如今，璧山环境监察的触角已经延伸到基层的各个角落，这也要求璧山区环境保护局不断更新监察手段。区环境保护局负责人介绍说，璧山区除了配置常规的电脑和相机等执法设备外，还引入无人机巡查河段排污，购置管道机器人检修排污管道。

为了确保璧南河的水质，璧山区环境保护局除了进行全面的源头控制外，还创新长效的河道巡逻办法。"为了能够及时发现偏僻地点一些违法排污、污水管道破裂等情况，我们引入无人机和管道勘探机器人。"该负责人告诉笔者，这些机器人能像医生给病人做肠镜一样，深入管道查找疑似泄漏点。这样一来，增大了巡逻人员的监控范围。

针对环境突发情况，璧山区建立了环保、交通、水务、公安、消防、安监等部门应急救援队伍的长效联动机制，形成"政府主导、部门联动、环保支撑、社会救援"的突发环境事件处置救援模式。

他山之石

Recyclebank：垃圾回收奖励计划

2007年，通过利用创新的RFID技术，美国的Recyclebank为社区民众创造了一种应对废物收集成本上升的环保解决方案。Recyclebank为各家庭

装备了简化回收工作的工具，同时还为家家户户提供了可测量废物回收量的技术。实行垃圾回收奖励计划，激励消费者积极参与废品的回收。一个家庭垃圾回收得越多，所获得的Recyclebank红利积分也越多。这些积分可以用来购买产品和享受社区优惠。

该计划将低频RFID标签贴在实物回收箱上，同时将RFID读写器安装在回收卡车的称重装置上。读取之后的数据将被发送给回收车上的内部计算机，并进入Recyclebank的安全数据库。收集后的数据接着会被上传到Recyclebank的数据收集和处理系统。

实施这个方案后，社区居民垃圾回收的热情大涨，社区环境有了很大改善。试点成功后，Recyclebank将这一系统扩大到了9个州，获得了巨大成功。比如，在一周内，新泽西州的樱桃山镇因为采用这项计划，其废物的回收率达到了135%。计划施行前，每个普通家庭每周回收的物品约是5.44千克，现在已经超过11.79千克；通过使用Recyclebank的计划，特拉华州威尔明顿市废物回收率在短短6个月内从0%提高到了37%；新泽西州艾尔克镇在采用系统之前每周回收的废物量平均为16000千克，现在回收量已多达42000千克。

HiTemp项目：研究热岛效应

英国伯明翰大学主导了一个名为HiTemp的环境项目，即在伯明翰城区内部署了250个环境温度感测装置以及30个自动气象站，让它们通过无线或有线方式接入互联网，实现数据互联互通。研究人员介绍，这是全球最密集的环境监测网络，用于研究城市热岛效应。通过无线和有线网络，这些设备收集的数据能够被实时传回大学的服务器进行分析，并与有关部门实时共享。

此次研究旨在未来能将这些技术运用到更广泛的环境监测项目中，包括监测空气污染、二氧化碳排放等，为绿色城市规划提供更有针对性的数据参考。

穿戴式传感器：监测噪声和空气

法国Sensaris公司研发出一种穿戴式无线传感器，该传感器可配戴在手腕上。这一传感器结合全球定位系统（GPS），在其中装置蓝牙传输设备，由装有蓝牙的手机接收传感器的监测信息，然后再借助手机上网功能，将信息上传至当地的中央服务器。因此，无论是行人，还是骑自行车者，都可使用这套设备。这一设备可以让公众监测并汇报噪声和空气质量信息，通过互联网即时将最新资讯分享给各使用者。

目前，此传感器提供了噪声和臭氧的监测功能，已大规模地部署在巴黎地区，以构建即时的污染地区地图。未来，Sensaris计划增加其他空气污染物的监测，包括一氧化碳、二氧化碳和氮氧化物。

Enevo One系统：远程监视垃圾箱

城市中垃圾箱处处可见，然而环保单位对垃圾箱的管理还处于纯人力状态。欧洲一些国家地广人稀，管理垃圾箱尤其耗时耗力：有时候垃圾箱满了，却得不到及时清理；有时候清洁车大老远开来，垃圾箱里面却是空空如也；有时候，烟头被扔入垃圾箱，导致垃圾焚烧，恶臭难挡。

为解决这些问题，芬兰一家公司开发了一个基于超声波传感器的废物回收系统Enevo One。传感器将收集到的垃圾箱和垃圾回收地的数据通过低功耗的LoRa网络传输到数千米外的LoRa基站，然后再传送到服务器。通过分析这些数据，垃圾管理者能更直观地了解辖区内各个垃圾桶的填充状态，为清洁车辆规划最佳的回收路线，节省了环卫机构的运营成本。

此外，Enevo One还能实时监控垃圾桶内的温度或异常情况。目前，Enevo One系统正在北美及欧洲几十个国家推广。

第二篇

路 径 篇

第4章

环保物联网的建设

环保物联网是指在传统环保行业引入自动化和信息化的技术来实现环境保护科学化管理的系统网络。

生态建设和环境保护研究是国家"十三五"规划之中的重点项目，国务院明确要求对国家重点监控的污染源和治理设施实行自动在线监测。随着全国经济的快速发展和建设宜居生态城市目标的提出，建设节水型城市、改善城乡环境质量、提高城镇总体功能和城市人居环境科学问题已成各市实现城市建设特色发展的重点问题，同时也对我国城市人居环境领域技术提出更高的要求。智能环保物联网系统无疑成为新时代生态环保建设的重中之重。

4.1 环保物联网概述

4.1.1 环保物联网

环保物联网是物联网技术在环保领域的智能应用，通过综合应用传感器、全球定位系统、视频监控、卫星遥感、红外探测、射频识别等装置与技术，实时采集污染源、环境质量、生态等信息，构建全方位、多层次、全覆盖的生态环境监测网络，推动环境信息资源高效、精准的传递，通过构建海量数据资源中心和统一的服务支撑平台，支持污染源监控、环境质量监测、监督执法及管理决策等环保业务的全程智能，从而达到促进污染减排与环境风险防范、培育环保战略性新型产业、促进生态文明建设和环保事业科学发展的目的。

4.1.2 环保物联网应用的总体架构

环保物联网应用的总体架构包括用户层、应用层、支撑层、传输层和感知层，如图4-1所示。其中，用户层是环保物联网应用面向的最终用户，包括环保管理、监测、研究等相关部门，污染物排放、污染治理等企业和社会机构，以及社会公众；应用层包括环保物联网应用门户和业务应用系统，门户为环保物联网各类用户提供所需服务和资源的入口和交互界面，应用系统涉及环境质量监测、污染源监控、环境风险应急处理、综合管理和服务等；支撑层包括IT基础设施和环保物联网应用统一支撑平台，依托基础设施和软件服务，实现共性应用功能的构造；传输层由环保政务专网、电信网、互联网、广播电视网等构成，支持环境信息在环保部门间的传递；感知层主要通过多种环境监测设备采集环境质量和污染源等相关监测信息。

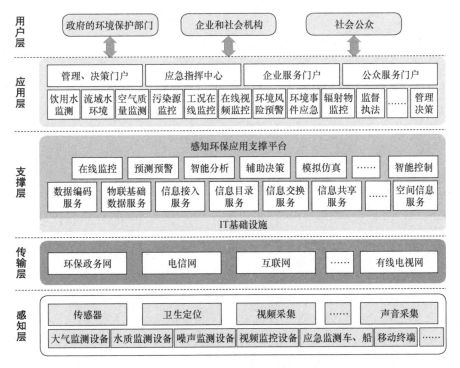

图4-1 环保物联网应用的总体架构

4.2 环保物联网重点应用工程

2011年8月24日，国家发展和改革委员会办公厅和财政部办公厅下发了《关于首批应用示范工程及基础标准研究实施方案的复函》（发改办高技〔2011〕2058号），同意开展"智能环保"应用示范项目建设。

4.2.1 三大应用工程

环保物联网首批应用示范工程包括：在山东省开展危险废物、医疗废物、放射源废物监测为主要内容的物联网应用示范工程，在成都市开展以移动源、危险

源监测为重点的城市综合性环保管理物联网应用示范工程，以及无锡综合示范包括"感知环保"等6个方面的物联网应用示范。

4.2.2 典型应用场景

典型应用场景：环境质量实时监测、污染源自动监控、机动车排放污染防治、危险源监管等领域。

1. 环境质量管理

通过物联网感知大气、水体、辐射、噪声环境，及时掌握环境质量信息，有效管理环境质量。环境质量管理系统由一个远程数据监控平台和若干个子站组成。子站有对各种污染因子连续监测的智能化仪器和辅助设备，工作方式为无人值守，昼夜连续自动运行。子站配备专用微处理机，采集各台仪器的数据，通过有线或无线通信设备将数据传输到监控中心。监控中心收集各子站状态信息及监测数据，根据需要完成数据处理、报表和图件的输出。基于水、气环境模型库，判断该地区的污染现状、污染趋势，评价污染控制措施的有效程度，研究污染对人们健康及对其他环境的危害，验证污染扩散模式，进行污染预报。及时、准确地掌握城市噪声现状，分析其变化趋势和规律，了解各类噪声源的污染程度和范围，为城市噪声管理、治理和科学研究提供系统的监测资料。

2. 污染源管理

在点、线、面、源的合适点位上安装各种自动监测仪器仪表和数据采集传输仪，通过各种通信信道与环境监控中心的通信服务器相连，实现在线实时通信，这样传感器感知的点位环境状态就被源源不断地送到环境保护部门，并存储在海量数据库服务器上，供环保信息化各种应用系统使用。污染源管理实际上是感知污染源的数量、排放状态、污染物排放量信息等。

3. 机动车排放污染防治

机动车排放污染已成为城市大气污染物主要来源之一。按约每10千米一个路边站进行分级建设，配备不同精度仪器设备实现监测点位合理布局和设备的优化利用。在高速主要路口和城区主要道路安装识别监控卡口，识别和管理高污染机动车；利用交通管理物联网道路车流量实时观测数据，结合机动车排放因子核算道路机动车实时排放量和排放强度，用道路线源模型仿真模拟污染物浓度分布，并根据浓度水平发布道路空气质量预警预报，为管理部门疏导交通流量提供决策支持，通过网站发布道路污染指数信息，引导驾驶员避开污染严重区域。掌握高污染车限行和危险物运输轨迹，全面掌握近地表面机动车特征污染物污染浓度，完整反映机动车污染的环境质量状况。

4. 危险源监管

通过RFID、GPS等技术全程管理危险化学品、医疗废弃物和放射源等污染物，保证污染物顺利运输以及风险事故的及时响应。基于危险废物监控网络，实现危险废物联单在线管理；危险废物转移计划在线申报；企业危险废物转移在线监控；危险废物申报登记管理；危险废物经营许可证申报及管理；进口废物在线监控管理；通过识别、定位、辐射剂量及通信等设备，分别监控固定使用放射源、移动使用放射源；建设应急监控与指挥系统，实时监控、应急监测、在线展示、应急调度与指挥、电子推演等系统，实现远程应急调度指挥功能，全面有效地监控管理环境危险源。

4.2.3 应用工程总体框架设计

国家发展和改革委员会在复函中要求：一要注重解决重大需求问题；二要坚持应用示范与产业培育、标准体系建设相结合；三要整合各方资源，形成合力；四要强化信息安全；五要注重体制机制的创新。

环境保护部根据上述复函要求，审阅了"一省两市"的环保物联网应用示范工程的可行性研究报告，并提出总体技术框架，如图4-2所示。

在总体技术设计中，主要面向环保物联网海量信息的获取、通信、存储和分析，并依托国家环境专网和"一省两市"环保物联网的示范应用，通过海量数据云服务平台，实现对各环境要素的监管与应用。总体技术设计包括感知层、网络传输层和应用服务层3个层面。

1. 感知层

感知层需具有全面感知的能力，通过对各种环境监测对象的传感器技术的应用，对人、物品、自然环境及生态系统等动态或静态的信息进行大规模、分布式的感知，以获取有价值并真实可用的环境信息，针对设定的具体的感知任务，采用全面、协同处理的方式对多种类、多角度、多尺度的信息进行在线计算与控制，并通过接入设备，将获取的感知信息与网络中的其他数据单元进行资源共享与交互。

2. 网络传输层

网络传输层包括接入和传输，通过结合有线、无线通信手段和网络技术，将各种分散的来自感知互动层的环境信息接入现有的无线局域网、移动通信网、

卫星通信网、有线通信网等通信基础设施，最终传输到环保物联网应用系统服务器、环境专网或互联网中。

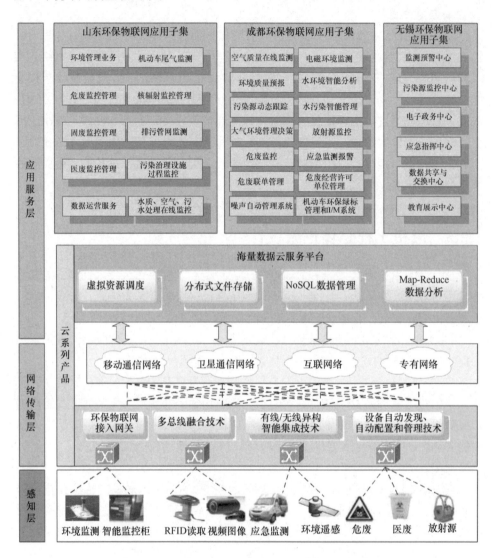

图4-2　国家环保物联网应用示范总体框架示意

3. 应用服务层

应用服务层要具有智能处理的功能特性，通过搭建各环境要素应用系统，运用各种先进的算法、模型和智能运算技术，全面地分析和研究获取的海量的环境信息，提升管理者对物理世界的感知与洞察能力，辅助决策应用和管控智能分析结果。

通过环保物联网应用示范工程建设，推进物联网技术在全国环保领域的应用，成为推动环境管理升级、培育和发展战略性新型环保产业的重要手段，对促进我国环保事业的发展必将持续产生深远的影响。

4.3 环保物联网的总体架构规划

为贯彻《中华人民共和国环境保护法》和国务院《关于加强环境保护重点工作的意见》，防治环境污染，改善环境质量，规范和指导环保物联网的标准制订及应用开发，环境保护部颁布《环保物联网总体框架》（HJ928-2017），该标准自2018年3月1日起实施。《环保物联网总体框架》也是对各地建设环保物联网起指导性的作用。以下扼要地介绍其内容。

4.3.1 环保物联网概念模型

环保物联网概念模型是对物联网系统的高度抽象和模型化表现，它由环保用户域、环境目标对象域、环境感知控制域、环保服务提供域、环保运维管理域和环保数据资源交换域组成，如图4-3所示。

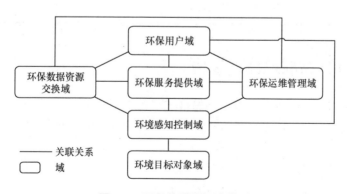

图4-3 环保物联网概念模型

环保物联网概念模型说明见表4-1。

表4-1　环保物联网概念模型说明

序号	概念	概念说明
1	环保用户域	环保用户域是环保物联网用户和用户系统的集合。环保物联网用户可通过用户系统及其他域的实体获取对环境目标对象域中实体感知和操控的服务
2	环境目标对象域	环境目标对象域是环保物联网用户期望获取相关信息或执行相关操控的物理对象集合。环境目标对象域中的物理对象可与环境感知控制域中的实体（如感知设备、控制设备等）以非数据通信类接口或数据通信类接口的方式进行关联
3	环境感知控制域	环境感知控制域是环保物联网各类获取感知对象信息与操控控制对象的系统的集合。环境感知控制域中的感知系统为其他域提供远程的管理和服务，并可提供本地化的管理和服务
4	环保服务提供域	环保服务提供域是实现环保物联网业务服务和基础服务的实体集合，满足用户对环境目标对象域中物理对象的感知和操控的服务需求
5	环保运维管理域	环保运维管理域是环保物联网系统运行维护和信息安全等的实体集合。环保运维管理域从规章制度符合性管理、系统运行技术性管理、信息安全性管理等方面，保证环保物联网其他域的稳定、可靠、安全运行等
6	环保数据资源交换域	环保数据资源交换域是根据环保物联网系统自身与其他相关系统的应用服务需求，实现信息资源的交换与共享功能的实体集合。环保数据资源交换域可为其他域提供系统自身所缺少的外部信息资源，以及对外提供其他域的相关信息资源

4.3.2　环保物联网体系架构

环保物联网体系架构是基于环保物联网概念模型，从面向环保行业的物联网应用系统角度，描述环保物联网各业务功能域中的主要实体及其相互关系。环保物联网体体系结构如图4-4所示。

1. 环保用户域

环保用户域的实体包括用户和用户系统。

（1）用户

用户可划分为三类，如图4-5所示。

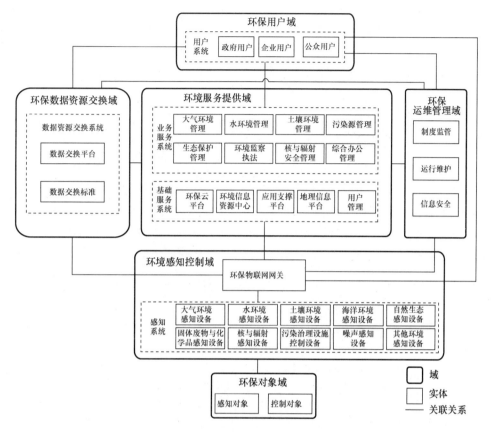

图4-4 环保物联网体系结构

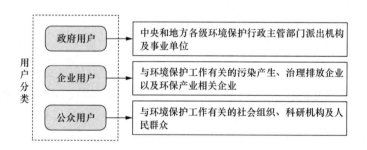

图4-5 用户的类型

（2）用户系统

用户系统是支撑用户接入环保物联网，使用环保物联网服务的接口系统。根据用户类型划分，用户系统分类如图4-6所示。

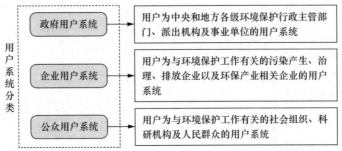

图4-6　用户系统的分类

2. 环保对象域

环保对象域是环保物联网用户期望获取相关信息或执行相关操控的物理对象集合。环保对象包括感知对象和控制对象，具体如图4-7所示。

感知对象 | 控制对象

与环保物联网应用相关，用户感兴趣并且可通过感知设备获取相关信息的物理实体，包括大气、水、土壤、海洋、核与辐射、固体废物与化学品、噪声、自然生态等环境要素、污染源及污染治理设施

控制对象是与环保物联网应用相关，用户感兴趣并且可通过控制设备进行相关操作控制的物理实体，包括环境质量监测、污染源监控、污染物防治与处理、核与辐射监管、自然生态监测等相关设备

图4-7　环保对象域说明

3. 环境感知控制域

环境感知控制域是环保物联网各类获取感知对象信息与操控控制对象的系统集合。环境感知控制域的实体包括环保物联网网关和感知系统，具体说明如图4-8所示。

4. 环保服务提供域

环保服务提供域是指环保物联网业务服务和基础服务的实体集合。

（1）业务服务系统

业务服务系统是面向环保领域某类特定用户需求，提供环保物联网业务服务的系统。根据业务类型划分，主要包括但不限于如图4-9所示的类型及范围。

环保物联网网关

环保物联网网关是支撑感知系统与其他系统相连，并实现环境感知控制域本地管理的实体。环保物联网网关可提供协议转换、地址映射、数据处理、信息融合、安全认证、设备管理等功能。从设备定义的角度来看，环保物联网网关可以是独立工作的设备，也可以是与其他感知控制设备集成为一个功能设备

感知系统

感知系统通过不同的感知和执行功能单元实现对关联对象的信息采集和操作，实现一定的本地信息处理和融合。各类设备可独立工作，也可通过相互间协作，共同实现对环境要素和污染物对象的感知和操作控制。按照感知控制对象的类别，主要包括但不限于：大气环境感知设备、水环境感知设备、土壤环境感知设备、海洋环境感知设备、自然生态感知设备、固体废物与化学品感知设备、核与辐射感知设备、环境卫星感知设备、环境噪声感知设备以及污染治理设施控制设备、污染源监控设备等

图4-8 环境感知控制域的实体说明

大气环境管理

为大气环境管理提供服务的系统，包括大气环境质量管理、大气固定源环境管理、大气面源与噪声环境管理等系统

水环境管理

为水环境管理提供服务的系统，包括地表水环境质量管理、饮用水与地下水环境质量管理、海洋环境质量管理、水固定源环境管理等系统

土壤环境管理

为土壤环境管理提供服务的系统，包括土壤环境质量管理、固体废物管理、化学品环境管理等系统

污染源管理

为污染源管理提供服务的系统，包括污染源监测监控、排污许可证管理、排污申报管理等系统

生态保护管理

为自然生态保护提供服务的系统，包括农村、农业、土壤环境保护、生物多样性保护、自然保护区管理等系统

环境监察执法

为环境检查执法提供服务的系统，包括环境稽查、区域监察、行政执法处罚等系统

核与辐射安全管理

为核与辐射安全管理提供服务的系统，包括核与辐射环境监管、民用核设施监管、核安全设备监管、核与辐射事故应急等系统

综合办公管理

为综合行政办公管理提供服务的系统，包括公文管理、人事管理、财务管理、外事管理等系统

图4-9 业务服务系统的类型及范围

（2）基础服务系统

基础服务系统是为业务服务系统提供环保物联网基础支撑服务的系统。根据服务类型划分，主要包括但不限于如图4-10所示的类型及范围。

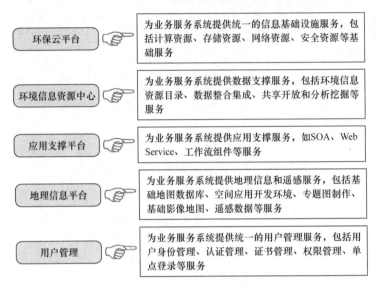

图4-10　基础服务系统的类型及范围

5. 环保运维管理域

环保运维管理域是指环境物联网系统运行维护和信息安全的实体集合。其实体包括制度监管、运行维护、信息安全，具体如图4-11所示。

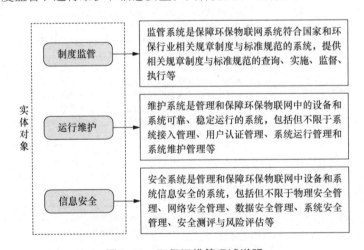

图4-11　环保运维管理域说明

6. 环保数据资源交换域

环保数据资源交换域是指环境物联网信息资源交换与共享功能的实体集合。其实体为数据资源系统。

数据资源交换系统是为满足环保物联网用户服务需求，获取其他外部系统必要数据资源，或者为其他外部系统提供必要数据资源的前提下，实现系统间数据资源的交换与共享的系统。根据系统功能划分，主要包括但不限于如图4-12所示的功能。

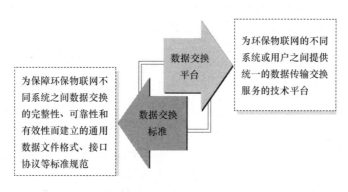

图4-12 环保数据交换系统的功能

4.4 环保物联网标准体系框架

《环保物联网标准化工作指南》（HJ930-2017）对环保物联网标准体系框架做出了明确规定。

环保物联网标准体系框架由总体标准、应用标准、应用支撑标准、信息资源标准、网络标准、感知标准、信息安全标准、管理与运行标准共八部分组成，如图4-13所示。各类标准紧密联系，对环保物联网建设与应用的各个环节起到规范指导作用。

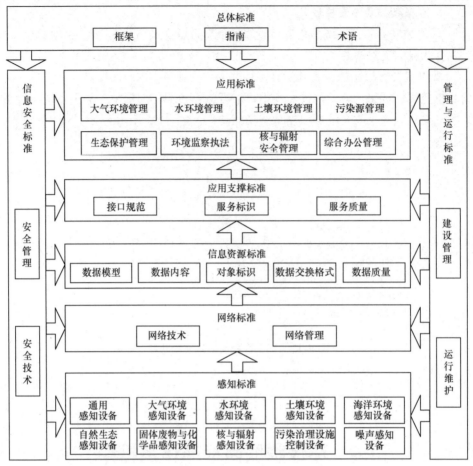

图4-13　环保物联网标准体系框架

第5章

环保云计算平台建设

　　云计算作为环保信息化的服务平台，它实现无所不在的环境感知监控，实时采集各类污染源信息和环境信息，并建立统一的智能海量数据资源中心，进行数据挖掘、模型建立，从而为监管部门提供总量控制、生态保护、环境执法等服务的基础数据，以更加精细和动态的方式实现环境管理和决策的"智慧"。

　　环保云通过环保信息化服务和电子商务协同建设，形成企业与政府环保管理部门间、企业与企业间、企业与个人间的环保信息互动平台，实现环保减排及环保业务处理计算机化、业务管理规范化、信息共享网络化、管理决策科学化，工业企业的环保管理水平被全面提升，企业对环境保护的重视力度被加强。

5.1 环保云计算基础设施模式

环保云计算基础模式是一个基于云计算的应用程序部署模式，它是环保信息化体系从"数字环保"向"智慧环保"转型的重要标志。环境信息网络系统是环境信息化工作的基础，如果环境信息网络平台想加大建设力度，就必须依托环保云计算基础设施模式，将"环保内网""环保外网"和"互联网"3个环境信息基础网络平台融合。云计算的部署模式是在环境信息网络的基础上，它重新定义了环境信息网络系统而对于环保信息化的价值，对于提高网络管理与应用水平，加强网络安全管理具有重要的意义。

如图5-1所示，环保云计算的部署模式采用"混合云"模式，它是公有云和私有云两种服务方式的结合，它所提供的服务覆盖"环保内网""环保外网"和"互联网"3个环境信息基础网络，各类应用程序及基础设施服务转移到云平台上。混合云有助于提供按需的、外部应用的扩展。用公用云的资源扩充专用云的能力，它可以在发生工作负荷快速波动时维持服务水平。

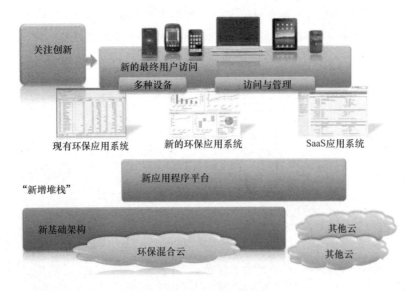

图5-1　环保云计算的部署模式

5.2 环保云计算的架构层

环保云计算可描述在从硬件到应用程序的任何传统层级提供的服务。云计算意味着把IT基础设施用作一项服务，且该服务可以是从租用原始硬件到使用第三方API的任何事情。实际上，云服务提供商可分为软件即服务（SaaS）、平台即服务（PaaS）以及基础设施即服务（IaaS）3个类别的服务。

5.2.1 软件即服务（SaaS）

软件即服务（SaaS）不需要用户将软件产品安装在自己的电脑或服务器上，而是按某种服务水平协议（SLA）直接通过网络向专门的提供商获取自己所需要的、带有相应软件功能的服务。

5.2.2 平台即服务（PaaS）

平台即服务（PaaS）是指将一个完整的环境信息资源共享和托管模式，包括环境基础信息、环境数据、数据交换服务和环境地理信息，它都作为一种服务提供给相应的环境信息系统应用。在这种服务模式中，既兼容原有环境信息资源，也可以按需扩展或增加服务内容，任何环境信息应用（软件开发服务商）只需要利用PaaS平台，就能够创建、测试和部署应用和服务，它与基于数据中心的平台进行软件开发相比，费用要低得多，这就是PaaS的最大价值所在。

PaaS的关键是降低了环境信息应用系统开发和提供SaaS服务的门槛，而对于已经在提供SaaS服务的提供商而言，PaaS可以帮助部分提供商进行产品多元化和产品定制化服务，让更多的独立软件开发商（ISV）成为其环境信息化平台的客户，从而开发出基于平台的多种SaaS应用，使其成为多元化软件服务供货商。同时，PaaS降低了SaaS应用开发的门槛，提高了开发的效率。

5.2.3　基础设施即服务（IaaS）

　　基础设施即服务（IaaS）是指环保部门使用云计算技术来远程访问计算资源，这包括计算、存储以及应用虚拟化技术所提供的相关功能。无论是最终用户、SaaS提供商还是PaaS提供商都可以从基础设施服务中获得应用所需的计算能力，但却无需对支持这一计算能力的基础IT软硬件付出相应的原始投资成本。

5.3　环保云计算平台建设

　　环保云计算平台是系统基础设施（对硬件、存储、网络等资源进行统一管理），该平台是基于互联网的相关服务的软硬资源增加、使用和交付模式，其通过互联网来提供动态易扩展且经常是虚拟化的资源。环保云计算平台属于基础设施即服务（IaaS）服务范畴，云计算的基础设施即服务划分为服务器服务、存储服务和网络连接服务。各级环保部门通过电信运营商或IaaS服务商完善的计算机基础设施获得服务，其服务包括提供计算机（物理机和虚拟机）、存储空间、网络连接、负载均衡和防火墙，以及基础的软件服务包括操作系统、数据库系统等资源。

　　智慧环保物联网智能监控系统是基于专属的环保云计算平台建设的，系统的运行网络结构如图5-2所示。

5.4　环保云数据共享平台建设

　　环保云数据共享平台属于云计算的平台即服务层（PaaS）范畴，它是基于环保云数据资源中心、云数据交换平台、地理信息基础平台的软件服务，以SaaS模式提交给用户。系统基于环保云数据共享平台其信息数据的集中管理、交换等服务，从而提高信息系统的效率和性能，加强环保信息决策的实时性。

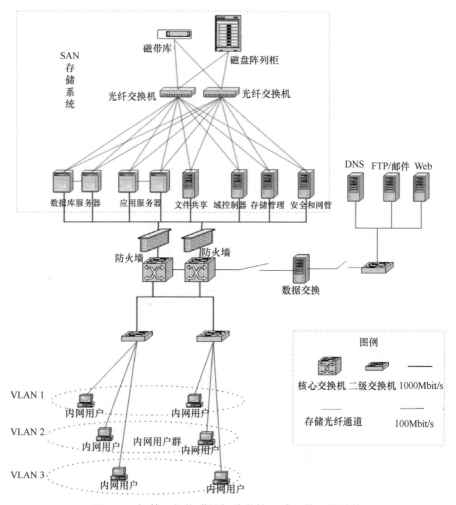

图5-2 智慧环保物联网智能监控系统总体网络结构

5.4.1 环保云数据资源中心

环保云数据资源中心是整个应用系统的数据支撑平台，是各类型的实时采集数据、业务相关数据和空间数据的融合，环境感知采集的数据最终都在数据资源中心实现统一的整合。

数据资源中心从内容上来看，主要包括监测实时数据中间层，它将各种在线信息统一管理，采用基于Oracle的实时数据中间层技术提供存储、访问和维护的接口，环保云数据资源中心包含了以下几类数据库。

1. 环保应用数据库

环保应用数据库覆盖环境管理、环境监察、办公自动化以及应急指挥等与环保工作相关的信息管理和维护。

2. 环保基础数据库

环保基础数据库将主要管理建设项目、许可证、污染源信息、环境信息以及相应标准信息，和环保应用数据库一样，它采用DCI-Torm提供对象化的访问接口。

3. 环保空间数据库

环保空间数据库基于GeoDataBase空间数据模型建立，它将基础地理信息、环境专题信息统一管理和维护。

4. 元数据库

元数据库描述数据中心各个类型数据的基础信息，我们利用元数据库在类型的属性、关联等方面的表达，将多源数据进行无缝集成。

数据中心从过程上看，它主要分为数据采集、数据标准化、数据入库、数据共享和交换。数据采集按照实时数据、地理信息数据、环境业务数据相应的标准规范进行；数据标准化将利用成熟的计算机信息系统标准以及环保行业标准、规范数据编码、交换协议，为信息共享提供保证；数据入库即将经过规范的信息通过数据访问引擎录入数据库；数据交换中心的建立，基于标准接口和协议完成的数据被共享和交换。

5.4.2 云数据交换平台

1. 数据交换平台的内容组成

图5-3所示为云数据交换平台的内容组成。云数据交换平台主要包括以下4部分数据资源。

① 基础空间数据资源包括基础地形、行政区划、航片、路网、POI、环境地理信息等基础空间数据。

② 环境感知数据资源主要分为环境质量监控数据和污染源在线监控数据两大类。

③ 环境数据仓库资源建立以面向环境信息资源为主题数据仓库，将一般信息适当抽象，使用户快速准确地得到所需的信息，包括区域环境数据、环境变化趋势等。

④ 专题扩展数据资源是各项专题业务扩展的专题库，例如综合环境专题数

据、规划专题数据、国土专题数据等。

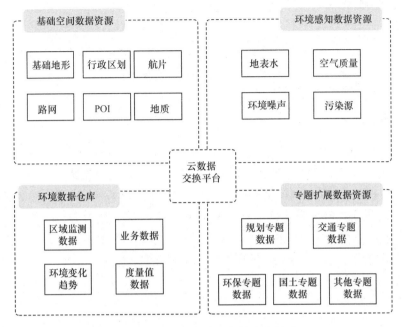

图5-3 云数据交换平台的内容组成

2. 数据交换机制

云数据交换平台在数据管理与共享交换机制上采用两种模式，如图5-4所示。

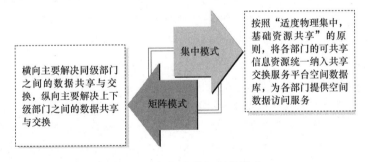

图5-4 数据交换机制的模式

我们在建立云数据交换平台时应根据各级环保部门业务应用的实际情况，采取不同数据交换机制。与数据的共享交换机制相适应，数据管理也是采取有总有分的方式，即部门之间是各自管理自身的数据，部门内部要实现数据的集中统一管理。

某市环境保护局云计算平台的建设方案

1.背景及意义

目前某市环境保护局已经拥有包括"阳光政务系统""12369投诉系统""排污申报收费系统""污染应急指挥控制系统""机动车排气监测系统""污染源在线监测系统""环境空气质量监测系统""危险固体废弃物管理系统""核与辐射管理系统"在内的多套业务系统,这些业务系统可实现业务审批、意见收集、任务指派、排污申报与收费等各项业务功能。但其存在的问题主要是这些系统各自为政,数据无法有效共享与集成,同类数据在不同系统中存在冗余和不一致,同时这些系统间缺乏统一的数据管理模式,导致数据保存不规范、不完整。

这些数据的冗余、不一致和缺失使得在日常业务工作中,虽然各系统能发挥自己的作用,处理各自的业务功能,但各系统中的数据无法进行有效融合,不能支持全局的数据应用、处理和分析功能,导致出现明明有数据却无法找到、无法使用的局面。

本项目一方面利用信息网格技术,动态集成现有系统的业务数据,打破各系统间的隔阂,解决环境保护局范围内各系统的数据集成问题,实现全局范围的数据共享、分析与使用;另一方面,环境保护局利用云存储和云计算技术,打造一个具有高容量、高可维护性、高性价比、高容错的云平台,支撑海量信息的存储和处理。

2.目标与内容

(1)项目目标

本课题的研究目标是建立一个集成环境保护局范围内各自在用系统的平台,该平台集成与各种环保相关的信息系统的数据库数据、用户投诉数据,以及来自传感器的各种声、光、气、水、温的数据。该平台能在对信息进行分析处理的情况下,利用网络服务器通过电脑、智能手机、平板设备等移动终端提供包括企业信息查询、污染应急指挥控制、污染源在线监控等各类服务,可以形成对信息的全面掌握、实时监测、智能分析和历史积累。

(2)主要研发内容

1)现有信息系统的数据集成

我们正在使用的业务系统进行分析时,需明确集成的数据,以及数据间的相互关系后，制定一个统一的数据格式，然后采用信息网格技术实现数据的抽取与集成。

2）基于物联网技术的信息自动采集与分析

我们利用各类传感器实现环境监测中各种声、光、气、水、温数据的自动采集，并导入到正在使用的分析系统中进行数据分析。

3）基于云存储的中心数据库建设

在集成业务系统数据和环境监测信息的基础上建设一个基于云存储的、可扩展，具有统一规范数据格式的中心数据库，该数据库将各业务系统核心数据抽取到中心数据库进行存储，确保信息的完整和安全可靠。

4）基于云计算与语义技术的环保数据处理和分析方法

我们利用云计算平台的强大处理能力，并结合语义技术进行数据的处理和挖掘，将数据转换为信息。

5）智慧环保云平台的建立

我们在中心数据库上开发建立包括企业信息全生命周期管理（即从企业登记开始到企业注销的全程信息管理）、数据精确分析、处置决策、趋势分析等在内的应用，并为其他系统预留数据调用接口，最终建成一个涵盖在用系统数据、支持全局信息管理分析与应用的"智慧环保"系统。

3.思路与方法

（1）总体技术

"智慧环保云"实施技术路线如图5-5所示，可分为3个方面。

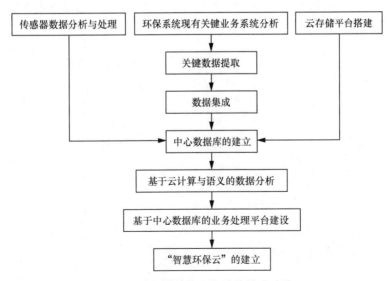

图5-5 "智慧环保云"实施技术路线

1）业务系统的分析

① 我们对正在使用的业务系统的关键流程、关键业务数据、数据间逻辑关系进行分析，确定需要集成的数据，为数据集成和建立中心数据库做准备。

② 我们利用信息网格技术实现关键业务数据的按需提取。

③ 我们对来自各业务系统的数据进行集成，建立一个面向环保系统的业务数据库。

④ 我们将传感器数据与业务数据结合，建立中心数据库。

⑤ 我们在中心数据库的数据支持下，利用云计算与语义技术进行数据分析，为业务处理、决策提供信息支持。

⑥ 我们在中心数据库上开发建立包括企业信息全生命周期管理（即从企业登记开始到企业注销的全程信息管理）、数据精确分析、处置决策、趋势分析等在内的应用，并为其他系统预留数据调用接口。

⑦ 完成"智慧环保云"的部署工作。

2）云存储平台搭建

通过采购存储硬件，在现有的云存储软件的基础上，搭建一套大容量的云存储系统，该系统用于保存业务数据已经运行业务处理平台。

3）传感器数据分析与处理

我们要了解目前在用的传感器类型，确定信息接收和分析处理的方法，将传感器数据集成进系统中。

（2）总体技术架构

系统包括数据层、中心数据库层及应用层3个部分，系统整体架构如图5-6所示。

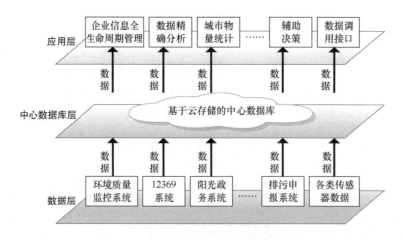

图5-6　系统体系结构

① 数据层由各业务系统中的关键性业务数据和各类传感器采集的数据组成，它们为整个"智慧环保"系统提供数据来源。

② 中心数据库层由一个基于云存储的综合数据库构成，在这里对来自数据层的各类数据进行汇总、处理、集成与管理，确保数据的唯一性和确定性，并为上层应用提供数据支持。

③ 应用层包含各类基于全局数据的应用，包括企业信息的全生命周期管理、数据的精确分析、城市物量统计、辅助决策等同时提供一个数据接口，还可为其他系统提供按需的数据服务。

第6章

环境保护GIS建设

GIS在资源与环境领域发挥着技术先导的作用。

环境保护离不开环境信息的采集和处理，而环境信息85%以上与空间位置有关，所以，GIS就自然成为环境保护工作的有力工具。在GIS的帮助下，我们不仅可以方便地获取、存储、管理和显示各种环境信息，而且可以对环境进行有效的监测、模拟、分析和评价，从而为环境保护提供全面、及时、准确和客观的信息服务和技术支持。

6.1 GIS在环保行业应用概述

6.1.1 GIS 在环保行业应用的分类和主要研究领域

环境保护所涉及的研究对象和研究领域非常多，主要针对水、大气、绿化、城建、湖泊、海湾、海洋等进行各个方面和角度的分析和预测等。常见的GIS应用有：

① 环境的评估研究；

② 资源循环利用监测；

③ 水体质量、污染检测与扩散评估；

④ 大气质量、污染检测与扩散评估；

⑤ 大气和臭氧监测评估；

⑥ 放射性危险评估；

⑦ 地下水保护；

⑧ 建设许可评价；

⑨ 海湾保护；

⑩ 点源和非点源水污染分析；

⑪ 生物资源分析和监测；

⑫ 水源保护、潮间栖息地分析；

⑬ 生态区域分析；

⑭ 危险物扩散的紧急反应；

⑮ 工业污染源管理；

⑯ 环境实时监测。

6.1.2 环保 GIS 的建设目标

通过环保GIS的建设，我们可以有效地将环境信息与空间位置紧密结合起来，不仅可以方便地获取、存储、管理和显示各种环境信息，而且还可以对环境进行有效的监测、模拟、分析和评价，为各业务系统提供统一的地图访问接口，便于业务系统之间资源共享。同时，GIS可以帮助环境保护局提高环境业务的管理能力、应急处理能力、执法水平、为民众服务水平、综合管理与分析决策能力。

6.2　环保GIS设计思路与架构

6.2.1　环保 GIS 的设计思路

环境管理工作变得可视化、直观化、轻松化、科学化：环境GIS利用先进的网络技术、通信技术、GIS技术、RS技术、GPS技术等，以实用化、简捷化、可视化为主要特征，整合各类地理信息资源和环境保护业务资源，建立统一的环境信息资源数据库，将空间数据与污染源普查数据、排污申报数据、动态监测数据、动态监管数据、放射源数据、政策法规数据等业务数据进行无缝衔接，同时完整准确地定位于与信息相关的地理环境中，为管理者提供直观、高效、便捷的管理手段，提高环保业务管理能力以及综合管理与分析的决策能力。

1. 空间业务监控分析展示"一张图"

环保GIS以基础地理空间数据库为依托，为污染源在线自动监控系统、环境质量管理系统、移动监察与执法系统、环境应急决策支持系统、数据中心和综合分析系统等提供基本的电子地图和专题地图，实现空间信息、属性信息的双向查询、空间直观定位与分析服务、立体监控分析、全方位监管（监控监管无盲区）等应用，同时，实现基于GIS的所有环保业务应用的全覆盖，真正做到环保业务和应用"一张图"。

2. 面向融合、共享的集成化

环保GIS是基于目前成熟的面向对象建模、面向服务（SOA）、面向融合的思想体系构建的，实现GIS Web Service与其他子系统的集成，并通过GIS发布功能为决策提供支持服务，支持后续的应用扩展、服务扩展和数据扩展。

3. 空间数据的二三维一体化

三维GIS因更接近于人的视觉习惯而更加真实，同时三维能提供更多信息；而二维也有比三维更宏观、更抽象、更综合的优点。两者各有所长。为了能够更好地达到直观应用的目的，二三维有机地结合起来，实现二维与三维数据管理的一体化，解决了以往两套系统、两套数据的缺陷，降低了系统的成本和复杂度，同时还能够为环境保护提供更有力的技术保障。

6.2.2　环保 GIS 的架构

环保GIS的架构如图6-1所示。

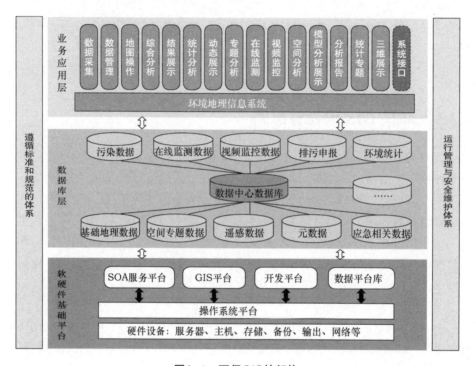

图6-1　环保GIS的架构

6.3　环保GIS的建设内容

环保GIS是一项集计算机技术、网络技术、通信技术、数据库技术、测绘技术与环境保护、监测技术为一体的规模巨大、内容复杂的系统工程。它利用各种检测设备,将城市各重点环境和位置的环境数据,如大气污染、环境噪声、水污染等采集下来,通过各种通信方式将环境数据实时传输到监测中心;同时,环境保护单位会派出若干安装GPS定位设备的环境监察车辆，通过无线通信方式，将每台车辆的位置数据实时传输到监控中心，利用3S（GPS、GIS、GRS）技术，整合各类环境信息资源，建立统一的环境信息资源数据库，将数据中心汇集的各级、各类环保业务信息，完整、准确地定位于信息相关的地理环境中，之后通过GIS的强大功能，对这些数据进行展示、挖掘和分析。例如，对整个城市的环境质量进行评估，对可能发生污染的污染源进行查询，对发生污染事故的周边环境进行分析以及采取相应的应急措施等，为环保管理者提供直观、高效、便捷、综合性的管理手段。

6.3.1　环境质量监测信息数据库

环境监测数据包括两部分：一部分是监测子站的数据；另一部分是重点污染源的数据。环境监测数据中很重要的一部分是污染源的监测数据。

通过建立环境质量监测信息数据库，环保管理单位可以根据每次治污保洁和重大环保基础设施建设工程、排污企事业单位、个人的污染处理的检查情况以及不同的环境类型进行相应的质量分析。例如，水环境质量数据库记录主要水体的质量检查结果，包括时间、检查方法、检查结果、相关意见等；大气质量记录每次检查的结果，包括污染物时间、污染物名称、浓度、范围以及辐射环境质量、声音环境质量等。通过分析这种数据，环保管理单位可以随时发布监测信息，以便督促相关单位和个人及时采取措施避免污染环境事件的发生，从而进一步加强环境保护和生态建设。

环境监测数据建库流程如图6-2所示。

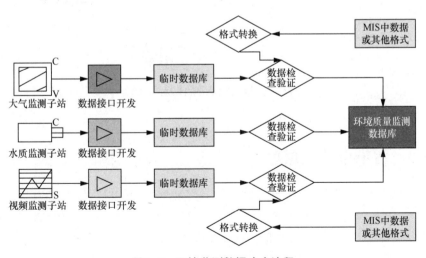

图6-2　环境监测数据建库流程

6.3.2　重点污染源数据库

　　建立重点污染源数据库可以有效地监管污染源的来源单位，监测其污染物的使用管理情况，查询各种污染源信息；一旦发生紧急情况，环保管理单位可以快速确定污染事故类型、严重程度等。通过GIS技术建立在数据库系统和图形管理系统之上的环境污染源数据管理系统，可提供具备空间信息管理、信息处理和直观表达能力的应用，能综合分析环境情况，实现污染源信息的综合查询，为计划决策提供信息支持，为有关的评价、预测、规划、决策等服务。其检索查询功能可提供按污染物名称、类型等的查询，统计结果可用表格、文字等多种方式表示。其维护功能可提供污染源数据的添加、删除、修改功能。

　　数据库的基本信息包括：污染源位置坐标、污染企业的平面图、生产工艺图、污染源编号、污染源类型编号、污染源名称、污染源来源单位、法人及其联系方式、事故记录等。

　　重点污染源数据入库流程如图6-3所示。

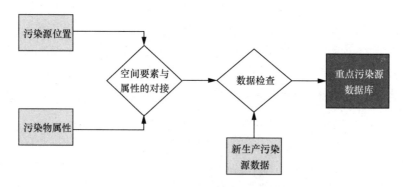

图6-3　重点污染源数据入库流程

6.3.3　污染事故数据库

　　污染事故数据库记录历次污染事故发生的时间、地点、原因、责任人、事故类型、污染物名称、影响范围、处理方法、处理人员等信息，以便管理部门掌握事故发生情况，寻找事故发生的原因，重点监视危险单位、人员，一旦发生情况可以从中提取有帮助的信息。其维护工具包括空间定位、分类显示、属性查询、录入编辑。

污染事故建库过程类似于以上重点污染源数据入库流程。

6.3.4 环境遥感数据库

随着各种新型商用卫星的问世,遥感数据以高空间分辨率、高光谱分辨率、高时间分辨率的优势,突破了传统的应用领域向新的领域扩展。特别是其可以选择多种卫星,几乎可以获取任意时刻的影像,这就保证了信息获取的及时性。对于获取环境信息,遥感信息有着其他信息不可替代的优势。

在数据库中存储影像的技术也已相当成熟。根据具体应用,遥感数据在数据库中可以采用目录方式、拼接一体方式,数据压缩根据需要可以采用有损、无损压缩的存储方式,数据的表现采用金字塔结构,保证显示、漫游的速度。

环境遥感数据库通过与GIS数据或分析模型数据集成应用,可以直观、形象地将各种环境信息表现出来,为管理决策和公众服务。其维护工具包括数据入库、空间定位、显示、放大、缩小、漫游等功能。

6.3.5 元数据库

环保业务的广泛性使得整个系统涉及的信息也较为广泛,为了促进内部的信息充分共享以及控制内部信息系统信息的安全,使环保信息部门的信息资源能为整个社会服务,更好而有效地管理和使用整个环保资源数据,确保使用数据的可信度,我们必须在系统建设中引入元数据管理技术。

元数据通常包括:数据集标识信息、数据质量、数据源和处理说明、数据内容摘要、数据空间参照系统、数据分类、数据分发信息以及与描述数据有关的其他信息等。本系统的元数据是广义的,还包括各类数据规则。

空间信息服务元数据管理应用目标:空间信息服务的发布、描述管理;空间数据的内容描述;指导不同平台的数据组织实施;图形数据与属性数据的关联;图形数据与业务管理;数据质量管理;数据版本管理。

在环境地理信息管理系统的空间数据库建设中,空间数据库主要来源于基础空间数据库和遥感数据库。建设完成后,其按照环境保护管理工作和其他相关工作的需要,为专门的应用而创建若干专题数据库。

6.4　环境地理信息管理系统的功能设计

　　建设环境地理信息管理系统，既可以提供技术手段，为各种业务数据提供应用的方式和途径，也可以通过GIS的表现力，把环境管理的过程和结果展现出来，用于环境管理和决策的辅助，或者提供给公众。

　　环境地理信息管理系统是实现指挥调度的核心，该系统将渗透贯穿于各个子系统中，系统可利用GIS技术、数据库管理（RDBMS）技术以及计算机网络技术，采用C/S和B/S相结合的结构体系，实现实时、直观、动态、可视化的在线监控、视频监控、应急指挥调度，以及污染状况、环境质量分析预测；实现对各类环境综合信息的管理、数据资源共享、信息发布、数据查询、统计、历史对比分析、制图输出、报表生成、多种形式数据表现等多方面的应用。

　　根据需求，环境地理信息管理系统需要建设的功能见表6-1。

表6-1　环境地理信息管理系统需要建设的功能

系统功能模块	功能
地图基本操作和查询功能	图层控制和显示
	地图缩放和漫游、鹰眼
	地图查询
	定位图形工具
	统计分析
GIS在线监控	显示查询
	报警提示
	报警查询和确认
GIS在线监控	GIS显示信息
	视频监控

（续表）

系统功能模块	功能
专题展示分析	污染源专题展示分析
	大气环境质量展示与分析
	地表水环境质量与分析
	噪声环境质量监控分析
	固体废物处理处置专题分析
	相关功能区划专题分析
	危险源分类分级专题
环境信息查询分析	以可视化的方式直观地反映环境污染状况，模块包含污染源管理、总量控制、环境监理、环境质量监测、环境功能区划、城市综合管理等部分
	地理分布显示
	地理分布统计查询
	趋势分析模块
	动态变化分析模块
地图多媒体显示	连接多媒体信息接口
	点击后可以直接播放
	视频监控
	烟气黑度监控实时显示

以上的各个应用功能，都需要构建在环境地理信息数据库之上，综合空间数据和业务数据实现。

6.4.1 地图基本操作和查询功能

地图基本操作和查询功能是通过GIS技术直观地展现空间位置信息，使用者能方便地浏览和查询电子地图。地图基本操作和查询功能说明见表6-2。

表6-2　地图基本操作和查询功能说明

序号	功能	说明
1	图层控制和显示	为了方便用户查看专题的地表信息，系统将复杂的地表信息进行分层控制管理，通过图层窗口，用户可以选择自己需要的专题图层信息进行浏览和查看，同时也可以显示并查看基础地理信息
2	放大、缩小地图	对地图进行随意的放大浏览。用户在地图窗口内点击放大，则地图可放大一倍。用户还可缩小地图查看所在地区概貌，可以对地图进行随意的缩小浏览，用户还可以按等级缩放地图
3	地图漫游	用户可以任意拖动地图快速漫游到感兴趣的区域，对地图进行漫游浏览，在地图窗口内拖动鼠标，窗口内的地图跟随移动，使地图上当前窗口范围外的内容进入屏幕视野范围
4	全图显示	显示整个地图，系统执行命令后，无论地图是在放大还是缩小的状态，可立即显示全图，即按地图的外包矩形填满窗口
5	鹰眼图	用户可以通过缩微的全区域地图知道当前区域在全区域中的位置，也可通过鹰眼图直接漫游到感兴趣的区域
6	导航	对地图中的主要地物设立书签，用户点击即可直接显示这些地物的周边地理位置，方便用户操作
7	测距	在地图上任选两点，可以测量出两点之间的距离；对于需要连续测量的，可以将前次测量的结果进行累加，并且可以动态显示当前鼠标所在位置与最后选择的一个点的距离；此外还可以测算多边形的面积
8	制图输出	系统应支持输出多种格式的地图和打印，如jpg、gif和png格式等
9	地图查询	用户可以采用各种方式在地图上选定图层的地物的属性信息，比如可以查询矩形框内的属性信息。用户在地图上以矩形拉框选中要查询的范围，松开鼠标，则显示该区域内的属性信息
10	定位	①数据查地图：包括模板查询和自定义查询； ②地图查数据：包括框选查询、点图查询、自定义查询
11	图形工具	包括点选、框选、圆选、多边形选。点选是点击工作区内的地图要素，选中的地图要素处于高亮选中状态；框选是在地图上画一个矩形框，完全处于该矩形框内的地图要素都处于高亮选中状态；圆选是在地图上画一个圆形框，完全处于该圆形框内的地图要素都处于高亮选中状态；多边形选是在地图上不同的位置单击，系统会自动生成一个多边形，双击结束多边形，完全处于该多边形框内的地图要素都处于高亮选中状态
12	统计分析	统计分析主要是将大量未经分类的数据输入信息系统，然后要求用户建立具体的分类算法，以获得所需要的信息，并将其以直观图形的方式展现出来。分类评价中常用的几种数学方法有主成分分析、层次分析、聚类分析、判别分析。统计的结果可以按表格形式、统计图、专题图形式直观地预览显示。系统可直接输出环保专题统计地图、环保专题信息查询表格、环保专题统计分析图表，为环境决策提供依据

6.4.2　GIS 在线监控

GIS在线监控管理的目的是在GIS地图上显示各污染源监测、监控点位置分布状况，并实施监控各监测、监控点，实现在线监测数据的实时刷新、临界提示、超标报警，对突发环境污染事件所波及的范围进行、渲染等。

GIS在线监控系统的功能如图6-4所示。

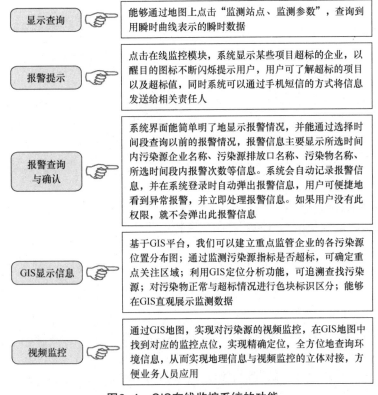

图6-4　GIS在线监控系统的功能

6.4.3　专题图展示

环境专题图种类繁多，从环境要素上可分为水环境专题图、大气环境专题图、声环境专题图、辐射环境专题图、土壤环境专题图等；从数据来源上可分为环境基础专题图（水系、环境设施、功能区划等）、统计分析专题图、环境模拟

专题图等；从环境业务角度上，可分为环境日常管理专题图、环境应急管理专题图、业务信息专题图等。

在环境地理信息系统的设计中，为了和环保局的环境职能紧密结合，全面支撑环保局的各项工作，我们要根据环保局的职能，在对环境业务梳理的基础上，对环境专题图体系框架进行总体考虑。

1. 污染源专题

污染源专题图包括水环境污染源（国控、省控、市控以及其他污染源）专题图、大气污染源（国控、省控、市控以及其他污染源）专题图等。

2. 大气环境质量

大气环境质量专题图包括环境空气质量监测站点分布专题图以及根据监测结果生成的大气污染物浓度分布专题图、环境空气质量评价专题图等。

3. 地表水环境质量展示

地表水环境质量专题图包括水环境质量在线监测断面分布专题图以及根据监测结果生成的水体污染物浓度分布专题图、水环境质量评价专题图等。

4. 噪声环境质量监控

噪声环境质量监控专题图包括声环境质量监测点分布专题图以及根据监测结果生成的声环境质量评价专题图等。

5. 固体废物处理处置

固体废物处理处置专题图包括固体废物处理处置基础设施专题包括垃圾填埋场专题图、垃圾焚烧炉分布专题图等。

6. 环境功能区划专题

环境功能区划又可分为水环境、空气环境、声环境三类。

（1）水环境功能区划

水环境功能区划又分为地表水环境功能区划和地下水环境功能区划。

1）地表水环境功能区划

地表水环境功能区划依据地表水水域环境功能和保护目标，按功能高低依次划分为5类，如图6-5所示。

对应地表水上述5类水域功能，地表水环境质量标准基本项目标准值也分为5类，不同功能类别分别执行相应的标准值。

2）地下水环境功能区划

依据我国地下水水质现状、人体健康基准值及地下水质量保护目标，并参照了生活饮用水、工业、农业用水水质最低要求，地下水质量划分为5类，如图6-6所示。

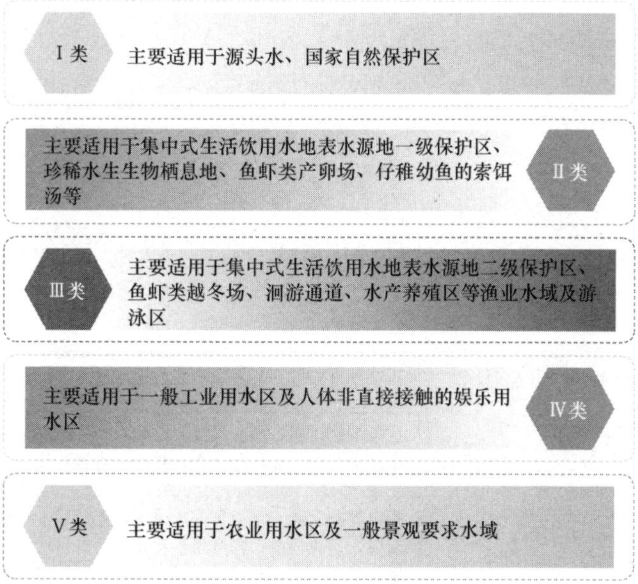

| Ⅰ类 | 主要适用于源头水、国家自然保护区 |

| 主要适用于集中式生活饮用水地表水源地一级保护区、珍稀水生生物栖息地、鱼虾类产卵场、仔稚幼鱼的索饵场等 | Ⅱ类 |

| Ⅲ类 | 主要适用于集中式生活饮用水地表水源地二级保护区、鱼虾类越冬场、洄游通道、水产养殖区等渔业水域及游泳区 |

| 主要适用于一般工业用水区及人体非直接接触的娱乐用水区 | Ⅳ类 |

| Ⅴ类 | 主要适用于农业用水区及一般景观要求水域 |

图6-5 地表水环境功能区划

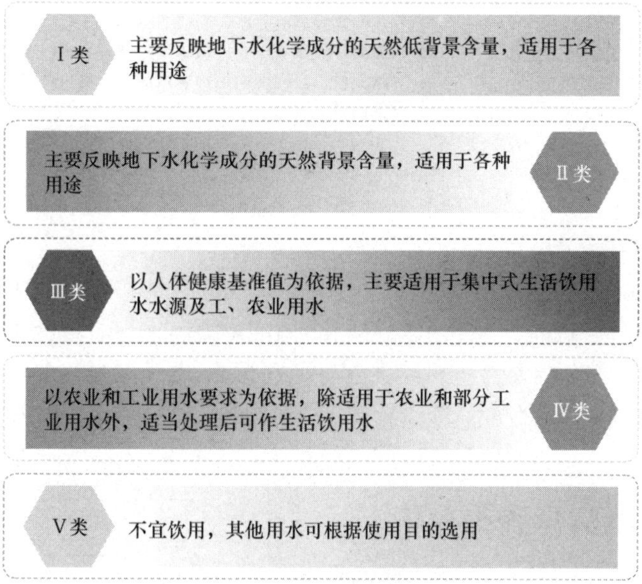

| Ⅰ类 | 主要反映地下水化学成分的天然低背景含量,适用于各种用途 |

| 主要反映地下水化学成分的天然背景含量,适用于各种用途 | Ⅱ类 |

| Ⅲ类 | 以人体健康基准值为依据,主要适用于集中式生活饮用水水源及工、农业用水 |

| 以农业和工业用水要求为依据,除适用于农业和部分工业用水外,适当处理后可作生活饮用水 | Ⅳ类 |

| Ⅴ类 | 不宜饮用,其他用水可根据使用目的选用 |

图6-6 地下水环境功能区划

（2）空气环境功能区划

根据《环境空气质量标准（GB3095-1996）》，环境空气质量功能区分为三类：一类区为自然保护区、风景名胜区和其他需要特殊保护的地区；二类区为城镇规划中确定的居住区、商业居民混合区、文化区、一般工业区和农村地区；三类区为特定工业区。

（3）声环境功能区划

《声环境质量标准》中按区域的使用功能特点和环境质量要求，将声环境功能区分为5类，如图6-7所示。

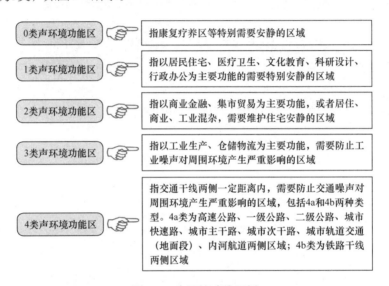

0类声环境功能区	👉	指康复疗养区等特别需要安静的区域
1类声环境功能区	👉	指以居民住宅、医疗卫生、文化教育、科研设计、行政办公为主要功能的需要特别安静的区域
2类声环境功能区	👉	指以商业金融、集市贸易为主要功能，或者居住、商业、工业混杂，需要维护住宅安静的区域
3类声环境功能区	👉	指以工业生产、仓储物流为主要功能，需要防止工业噪声对周围环境产生严重影响的区域
4类声环境功能区	👉	指交通干线两侧一定距离内，需要防止交通噪声对周围环境产生严重影响的区域，包括4a和4b两种类型。4a类为高速公路、一级公路、二级公路、城市快速路、城市主干路、城市次干路、城市轨道交通（地面段）、内河航道两侧区域；4b类为铁路干线两侧区域

图6-7 声环境功能区划

7. 生态功能区划

生态功能区划是实施区域生态环境分区管理的基础和前提。其要点是以正确认识区域生态环境特征、生态问题性质及产生的根源为基础，以保护和改善区域生态环境为目的，依据区域生态系统服务功能的不同、生态敏感性的差异和人类活动影响程度，分别采取不同的对策。它是研究和编制区域环境保护规划的基础。

6.4.4 环境信息查询分析

1. 查询服务

环境地理信息系统提供丰富的地图查询功能，实现灵活的空间—属性双向查询，以可视化的方式直观地反映环境污染状况。模块包含污染源管理、总量控制、环境监理、环境质量监测、环境功能区划、城市综合管理等部分，具体见表6-3。

表6-3 查询服务的功能模块

序号	功能模块	说明
1	污染源管理	用户只需要制定简单的查询条件，如企业代码、单位名称、录入人、录入时间等信息，就可以实现数据的查询，并可以对查询结构进行保存和导出，供用户进行数据的再次挖掘
2	总量控制	系统可查询污染源的总量控制数据。用户可在地图上任意框选范围，汇总该范围内污染物排放总量、水耗、能耗、工业产值等信息
3	环境监理	系统可查询环境监理数据
4	环境质量监测	系统可查询环境质量监测数据
5	环境功能区划	系统可查询环境功能区划图
6	城市综合管理	系统可实现对城市综合信息的查询与管理

2. 地理分布显示

地理分布功能选择需要显示分析的环境要素和数据，绘制直方图、饼图、折线图以及他们的组合图，并且需要根据不同污染物种类设置颜色（具体颜色按照图例给出的颜色）；通过放大、缩小、设置比例功能可以单独对地理分布子图进行局部的放大、缩小以及对统计图的大小进行控制；用图层控制功能可以调整需要显示的图层和专题图。

3. 地理分布统计查询

地理分布统计查询功能提供单一条件如以时间段（如年、季、月、天）或组合条件的查询，可查询污染源、环境质量等属性数据和相关联的外部数据，并可对查询到的数据进行统计。按照企业行业、地区、所在环境功能区、生产总值、排水量、用水量、主要污染物排放总量、设施运行情况、污染物去除情况以及它们的任意组合作为查询条件进行查询，对历史数据按照同类污染物和不同类污染物以月、季、年为时间段，多角度地对污染源环境质量等数据和相关任意条件进行筛选查找和统计分析。

监测站、重点源等点位的各种均值、变化趋势、同比环比、总量计算和汇总等统计分析功能，能够以表格和各种图表形式表达，支持多点位、多污染因子选择，支持按河流、行政区、时间段等多种汇总分类方式查询，支持报表输出。

4. 趋势分析

在进行趋势分析时，设定以下条件：其一，时间固定，在同一时间点上空间

则发生变化；其二，空间固定，在同一空间中，时间发生变化；其三，时间和空间都在不断的变化中。在这些条件下，我们可以从数据库获取以多种形式绘制的各种环境专题的趋势图，突出环境状况沿空间发生的变化，体现出环境状况空间趋势。

系统可以分析各类水体变化情况，包括分析各断面、水系污染物情况，找出主要污染物，分析其变化趋势，为环境治理提供辅助支持。

该模块应可根据用户选择的时间段和查询条件从数据库获取到的数据并以多种形式绘制各种专题的趋势图。用户可以根据自己的选择自由地操作各条趋势曲线：进行个性化的颜色设置，控制各条趋势曲线的可见状态，了解感兴趣的专题趋势，进行趋势分析，寻找存在的规律。

我们可以选择点位、时间段、可选择的显示小时平均流速、最高流速、出现时间、小时平均流量、小时最高流量、出现时间、小时平均pH值、小时最高pH值、出现时间、小时平均化学需氧量、小时最高化学需氧量、出现时间、小时平均电导、小时最高电导、出现时间、小时平均溶解氧、小时最高溶解氧、出现时间、小时平均总磷量、小时最高总磷量、出现时间、小时平均氨氮量、小时最高氨氮量、出现时间、小时平均电极电位、小时最高电极电位、出现时间、小时平均六价铬量、小时最高六价铬量、出现时间、小时平均动植物油量、小时最高动植物油量、出现时间、小时平均悬浮物量、小时最高悬浮物量、出现时间，或者以上全部信息进行查询。查询结果以表格、曲线形式表现，可以导出到Execl表格中。

我们还能够通过选择站点和时间段，查询该站点小时平均值的超标情况，并可以将超标数据以统计图和统计数据表格两种形式展示，能够将其导出到Excel表格中。

5. 动态变化分析

系统可根据河流水质断面数据，动态显示各断面控制河段水质状况；根据空气自动站数据，动态显示各城市空气质量状况。

6.4.5　地图多媒体显示

① 多媒体信息：系统提供连接多媒体信息的接口，点击多媒体信息模块后可以直接播放。

② 视频监控：查看监测点现场视频传输传回的视频信息。

③ 烟气黑度监控实时显示。

第7章

环境数据中心建设

环境数据中心建设是智慧环保的资源支撑，它可以为其他业务系统提供丰富的数据支撑。

以云计算技术构建环境数据中心，以建设数据仓库为基础，可以实现整合来自各种环境业务应用系统中的数据，并利用ETL、OLAP等数据处理和加工工具，整理、转换、匹配、校验、整合和分析数据，使环境数据标准化，并通过统一的接口实现环境数据的共享和综合利用，解决"信息孤岛"问题。我们通过虚拟化与云计算技术，实现IT资源的按需动态分配，并将各种计算资源以服务的形式提供给业务系统，解决"资源孤岛"问题，节约大量投资，减少系统的运行成本。

7.1　环境数据中心定义及建设目标

7.1.1　环境数据中心是环境信息资源整合的核心

环境数据中心的建设重点强调环境数据集中管理和环境信息资源整合，它采用集中与分布相结合的方式管理环境数据，是环境信息资源数据的存储中心、管理服务中心、共享交换中心以及环境管理的决策支持中心，如图7-1所示。

存储中心
· 作为环境信息资源数据的存储中心，它是环境信息基础性、全局性的信息库

管理服务中心
· 作为环境信息资源数据的管理服务中心，它满足各种数据应用的需求，实现可信环保信息的随需获取

共享交换中心
· 作为环境信息资源数据的共享交换中心，它负责系统内各部门间，上下级单位，环保局与其他单位和公众的信息共享交换

决策支持中心
· 作为环境管理的决策支持中心，它进行数据组织、建模，提供数据产品

图7-1　环境数据中心是环境信息资源整合的核心

7.1.2　环境数据中心建设的目标

环境数据中心建设是一项复杂的系统工程，其建设目标如图7-2所示。

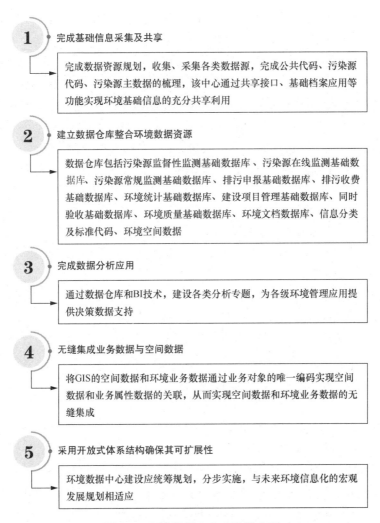

1 完成基础信息采集及共享

完成数据资源规划，收集、采集各类数据源，完成公共代码、污染源代码、污染源主数据的梳理，该中心通过共享接口、基础档案应用等功能实现环境基础信息的充分共享利用

2 建立数据仓库整合环境数据资源

数据仓库包括污染源监督性监测基础数据库、污染源在线监测基础数据库、污染源常规监测基础数据库、排污申报基础数据库、排污收费基础数据库、环境统计基础数据库、建设项目管理基础数据库、同时验收基础数据库、环境质量基础数据库、环境文档数据库、信息分类及标准代码、环境空间数据

3 完成数据分析应用

通过数据仓库和BI技术，建设各类分析专题，为各级环境管理应用提供决策数据支持

4 无缝集成业务数据与空间数据

将GIS的空间数据和环境业务数据通过业务对象的唯一编码实现空间数据和业务属性数据的关联，从而实现空间数据和环境业务数据的无缝集成

5 采用开放式体系结构确保其可扩展性

环境数据中心建设应统筹规划，分步实施，与未来环境信息化的宏观发展规划相适应

图7-2　环境数据中心建设的内容

7.2　环境数据中心的设计思路

环境数据中心的设计思路如图7-3所示。

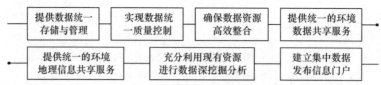

图7-3　环境数据中心的设计思路

7.2.1　提供数据统一存储与管理

在充分分析环境业务现状与应用需求的基础上，"污染源→区域环境→环境保护→环保规划"数据线索模型被建设，跨专业、跨系统的管理、查询、分析、应用与数据挖掘模式被建设，并通过对数据存储与分发的软硬件体系调研与研究，提供可借鉴的数据存储与管理平台建议。

数据中心集中存储环保局各业务系统的所有共享数据，该中心不仅能为环保局上层应用系统提供数据，为决策支持分析提供足够丰富的数据依据，同时也能为各二级单位提供共享、交换数据。

7.2.2　实现数据统一质量控制

分析环境业务流和数据流现状，提出数据源头采集的运行机制方案，研究环保业务数据的源头采集方案、反馈、考核管理机制，管理污染源生命周期过程数据、环境综合管理业务数据、环保行政管理综合数据、环境规划综合数据，实现归档成果资料的及时准确采集与入库统一管理等，解决了数据唯一性采集与准确性问题，确保环境数据中心数据的全局统一性、规范性和标准性，确保各类入库数据的全局唯一性和实时有效性。

7.2.3　确保数据资源高效整合

通过统一的数据标准规范与各业务应用系统之间建立相互的联系，环境数据中心实现环保局各信息系统数据资源的整合。把分布在各业务应用系统中信息孤岛上的数据集成到一起，实现数据的统一存储、分析、处理、传递，避免出现不安全的数据存放、数据难以共享、数据格式不统一、数据缺乏真实性和可靠性等问题，最终实现信息的高度共享。

7.2.4　提供统一的环境数据共享服务

实现环保数据中心数据的跨专业、跨系统的企业级信息共享与应用集成，同时为环保业务已建各系统的集成与共享提供建设依据与服务，真正实现环保业务体系的共享服务。

7.2.5　提供统一的环境地理信息共享服务

建设环境地理信息平台，为环境信息化体系的各应用业务系统提供GIS技术支持而建设的一个通用的环境地理信息应用中间件平台，该平台提供包括查询、图表分析、渲染图分析等GIS功能接口，各种应用系统需要时调用该平台接口即可实现地理信息功能，实现环保业务的可视化。

7.2.6　充分利用现有资源进行数据深挖掘分析

以实时网络传输、数据资源共享、业务信息管理、模拟环境演变、展现分析结果等信息技术功能为核心，充分运用数据挖掘分析、模型分析等高新技术手段为领导决策提供支持，该决策包括宏观决策与微观决策。

1. 宏观决策

宏观决策是指涉及大尺度范围的环境管理决策。它能够对全市范围的环保工作提供建设性的信息支持，为制定各项宏观政策和措施提供支持，并检验决策手段所带来的环保效益。

2. 微观决策

微观决策是指具体的针对一时一事的响应措施。它能够帮助具体管理人员提高工作效率，直观地了解各项工作的发展趋势，及时发现环境管理中的问题，为管理工作的实际操作提供参考意见，并具体地评估工作进度和实施效果。

7.2.7　建立集中数据发布信息门户

建立集中数据发布信息门户以实现决策支持分析。基于数据中心将各业务应

用系统的输出通过信息门户以多种方式展现给用户，使用户可以通过信息门户全面掌握各环保业务情况。

7.3 云计算技术构建环境数据中心架构

7.3.1 传统数据中心的不足

1. 资源利用率低

造成服务器资源利用率低的主要原因是各个业务部门在提出业务应用需求时，都在单独规划、设计其业务应用的运行环境，并且按照最大业务规模的要求规划和设计系统容量。

2. 资源孤岛

根据业务系统的要求建设相应软硬件设施的传统数据中心建设模式，系统资源导致了"资源孤岛"。传统数据中心建设模式很难从整体基础架构的角度来考虑资源分配及使用的合理性，因此从基础设施的角度来看应用系统，它们还是一个个独立的"烟囱"，如图7-4所示。

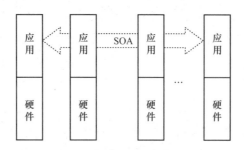

图7-4 "烟囱"型的基础设施

3. 增加资源管理开销

传统数据中心资源配置和部署过程多采用人工方式，该方式没有相应的平台支持，这使大量人力资源耗费在繁重的重复性工作中，且没有自服务和自动部署的能力。因此，传统数据中心对业务部门的需求往往无法做到及时响应和准确有效，并极大地增加了资源管理的难度和投入。

7.3.2 云计算技术构建环境数据中心

云计算就是信息技术作为服务（IT as a Service）的一种计算供应和消费方式。其特征主要表现在以下5个方面：

① 云计算强调资源的共享，而不是独占；

② 云计算强调的是资源集中，而不是分散；

③ 云计算强调的是一种服务，而不是技术；

④ 云计算强调动态资源配置，而不是静态资源分配；

⑤ 云计算强调的是专业分工，而不是事必躬亲。

云计算的技术架构如图7-5所示。

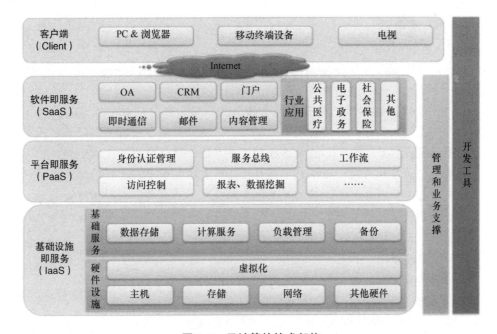

图7-5 云计算的技术架构

数据中心建设的未来发展方向是对传统数据中心进行虚拟化和云计算架构的转型，不断提高IT基础设施的灵活性，降低硬件、能源和空间等成本，从而让用户能够快速响应业务需求，提高业务的敏捷性；云计算技术能提高IT基础设施资源的利用效率，提升基础设施的应用和管理水平，实现计算资源的动态优化。

云计算技术构建环境数据中心的逻辑架构如图7-6所示。

智慧环保实践

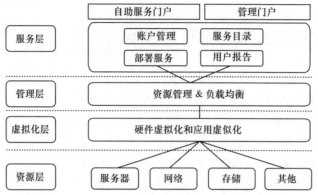

图7-6　云计算技术构建环境数据中心的逻辑架构

黑龙江省环境数据中心：数据整合消除信息孤岛

黑龙江省在环境方面有着大量的业务应用，相继建成环境信息化业务系统，但大部分的应用还是比较零散的，多数服务于特定的部门或环保业务领域，积累的大量环境数据分散于各部门，缺乏应用的处理和加工，难以进行共享和应用。由中科宇图科技股份有限公司参与建设的黑龙江省环境数据中心项目，正是针对黑龙江省环保工作的需要，该数据中心采用"数据集中、应用分布"的方式，形成环境数据与应用一体化的环境保护与管理体系，有效地提高信息资源的利用率。

1.系统架构

黑龙江省环境数据中心的系统架构如图7-7所示。

2.系统的特点

（1）统一的标准规范体系下实现有效的集成

根据应该遵循的标准规范和项目建设应用的具体情况，制定"一套标准"的目的就是要把环境信息化在统一的标准规范体系下实现有效集成。制定环境信息化标准规范，并依据标准对现有各个业务系统进行整合；黑龙江省要结合今后环境保护业务发展趋势规划建设数据中心，从而满足各类环境信息的关联性、数据准确性、及时性的要求，提高环境管理部门的业务操作效率，并为制定环境政策提供有效的数据支撑。

120

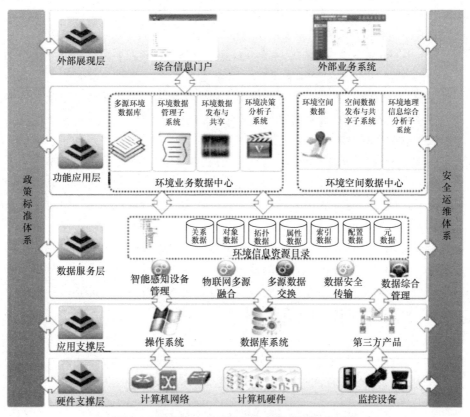

图7-7 黑龙江省环境数据中心的系统架构设计

（2）完善的环境数据资源目录

环境信息资源中心结合国家标准和黑龙江省环境信息中心的实际情况，构建完善的环境资源目录，并将目录资源进行展示、导航，完善查询、查看、导出、目录资源关联的数据和元数据等功能。

（3）空间业务数据科学管理

系统采用ESRI公司的国际化产品ARCGIS作为GIS基础平台，充分保证了系统的功能全面化、先进化。所有的环境业务数据均可分类分层展示，与空间数据充分叠加融合，真正实现环境信息的可视化监控管理。

（4）灵活的环境资源信息交换共享

在设计方案的过程中，统筹考虑各参建部门应用系统、数据、网络等资源情况，以确保能够及时和充分交换共享数据。充分利用现有的资源和设施，并兼顾未来其他系统的接入，以及更多主题应用建设对该平台设施的要求。平台提供系统统一集中远程部署管理、完善的安装以及远程服务

组件的部署、配置、远程监控等手段，保证平台高度的可维护性，能够方便地在中心操作参建部门前置机上的适配器。

（5）多层多角度组织环境资源数据分析

环境数据中心从"污染源""环境质量""生态""地理信息"等符合国家对环境数据分类的角度出发，同时从时间、空间等维度组织、检索、查看数据，并通过数据内部关系关联，使用户可以通过一个主题逐渐深入了解环境数据的现状。

黑龙江省环境数据中心，实现各应用平台之间的数据集成，解决数据统一、共享和适应环保业务不断变化的需要，全面提升全省环境数据分析和共享能力。该数据中心要与现有的工作系统进行联调测试，实现环境数据信息的规范化、动态更新、数据分析、数据对比、数据发布等一体化存储和管理，为建立一体化的环境保护与管理体系提供重要保障，解决了黑龙江省在对环境事件进行大范围、全天候、全天时动态监管与分析决策工作中存在的数据源问题，最终实现快速、准确地获取较低成本的环境信息，提高了环境保护与管理业务体系的整体建设水平，提升了办公效率。

7.4　环境数据中心建设的内容

环境数据据中心建设的内容主要包括数据采集、数据交换、数据仓库管理、信息服务系统、数据查询系统、文档管理中心等。

7.4.1　数据采集

数据采集系统总体结构如图7-8所示。

数据采集系统的功能模块包含数据填报、信息定位、数据汇总加工3部分，分别阐述如下。

（1）数据填报

数据填报包含在线填报、离线填报和辅助填报3种方式，分别阐述见表7-1。

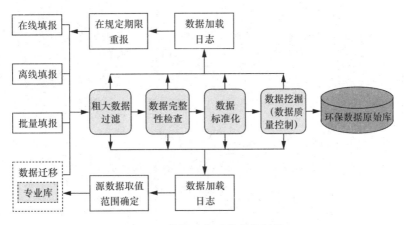

图7-8 数据采集系统总体结构

表7-1 数据填报的3种方式

序号	方式	说明
1	在线填报	① 在线填报是网上数据采集的主要系统，其目的是让有条件的企业进行统计调查项目数据的网上直报； ② 在线填报系统除实现一般录入功能外，它还可以为数据填报企业提供数据校验、多条件的数据检查、自动摘数、历史填报数据查询、数据边录边审、数据催报信息查看等功能； ③ 除了针对统计调查项目数据的采集以外，在线填报系统同时还可以为直报企业提供一定的历史数据查询、分析功能，以满足企业对其自身数据的分析需求，达到服务企业的目的
2	离线填报	① 离线填报是用来帮助那些上网条件不好的企业，它可以让这些企业在不连接到Internet的情况下填写好要保送的数据，然后再通过Internet将在离线情况下填写好的数据一次性地保送到数据处理平台上； ② 离线填报也可以为数据填报企业提供数据校验、数据即时保存、表内关系的边录边审、自动摘数等功能
3	辅助填报	① 辅助填报是对网上直报业务的一个补充，其目的是辅助那些没有上网条件的企业报送数据； ② 利用辅助填报系统，环境运输与城市管理局、各镇（街道）环境运输和城市管理分局以及特别设置的一些采集点可以将采集到的数据一次性报送到数据采集处理平台。除了进行数据采集业务以外，辅助填报也同在线填报一样为直报企业提供一定的历史数据查询、分析功能，以满足企业对其自身数据的分析需求，达到服务企业的目的

（2）信息定位

信息定位是通过对特定条件的筛选来对信息进行有选择性的定位，在数据采集系统中，信息定位的作用尤为重要，操作者通过信息定位可采用简单灵活的方式快速获取选择性信息的大体位置，并在此基础上可以选用一个或者多个指标项组合成精准的查询条件，确定所要找的信息的位置。具体的信息定位方法有3种，如图7-9所示。

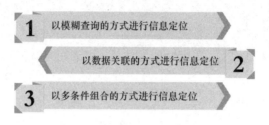

图7-9　信息定位的方法

（3）数据汇总加工

集中汇总所有已建或将建的环保业务系统的数据，按照数据资源规划设计的数据标准规范以及数据模型统一组织，依据国家有关技术规范和环境信息行业技术标准分类体系构建数据集，分类和梳理各类业务系统的数据，按照不同的专题和用途分类存储和使用。数据汇总加工的方式如图7-10所示。

7.4.2　数据交换平台

数据交换平台是整个系统的基础平台之一，不管是环保系统内部各个子系统需要将数据交换到数据中心，还是环保系统与外部系统都有大量的数据交换要求，该平台都需要统一管理和调度各类数据交换要求，了解数据交换的内容、频率，并监控数据交换平台。

数据交换平台可提供应用之间的信息交换，提供数据格式定义、数据转换、数据路游、业务规则定义和业务流程编辑等具体业务服务。

数据交换平台是环保信息化平台与各个业务系统之间和其他部门业务系统（比如其他政府部门）之间的连接平台，也是实现数据传输的关键平台，其主要负责平台业务系统和各需接口业务系统之间的消息传递，并且实现业务流程的整合。交换平台是实现各接口系统之间互联互通的核心平台，具体功能架构如图7-11所示。

数据迁移  对于环境运输与城市管理局已建成的信息系统，需要与其他系统共享或是有全局意义的数据需要进行数据迁移，由数据中心统一管理。由于数据迁移涉及的数据量较大，建议采用数据库连接的方式，在统一元数据库的控制下，进行有条件地只读访问或推送

粗大数据过滤 👉 业务系统中业务实体某个字段的取值范围是受字段类型、域约束及业务规则的限制，为保证进入数据中心的数据质量，可针对关键的公共资源属性事先定义业务规则及域约束，过滤不满足条件的记录，或记入日志待日后修复、或通知原系统检查数据错误，修复后重新提交

数据完整性检查 👉 在现有系统的建设中，全局性或公共资源的业务实体在单个系统单独建立时，只要满足本系统的正常运行需要即可，很少考虑全局性影响，因此要根据各类全局数据的特征，增添标识全局性的属性，在各系统提交的数据中检查这些属性是否填写正确，否则重新提交

数据标准化 👉 为满足各相关业务系统间数据共享的需要，以及数据发布的需要，事先约定提交数据的格式，对不满足格式的数据应视为数据质量不合格，重新提交

数据挖掘（数据质量控制） 👉 由于现有各业务系统都是分开独立建设的，而彼此间又存在着一些公共资源或属性，所以各系统采用的标准或规范各不相同，会出现同名不同义、同意不同名的情况，在数据满足质量、完整性及标准化检查后，对这类数据采用两种手段：一是利用现有模糊匹配的技术即数据挖掘和文本挖掘，将此类记录发现、发掘；二是利用人工或者利用事先制定的匹配整合规则，将此类记录合并

数据加载日志 👉 数据加载日志的功能主要是通过记录每次加载过程中每个业务实体的时间戳、增量关键字段信息，以期达到尽量减少每个批次数据的加载量，提高系统的效率，保证系统的可靠、高效运行

数据有误通知 👉 将检查到的各类错误信息，及时通知数据源，以便其在规定的时间范围内修正错误、重新提交

图7-10 数据汇总加工的方式

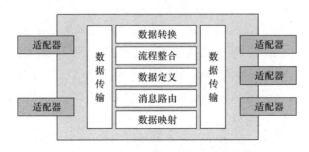

图7-11 数据交换平台的功能架构

各业务系统通过适配器和交换平台连接，由交换中心实现数据定义、数据映射、数据转换、业务流程定义与运行、消息封装、路由、传输等具体服务。各业务系统只需要和交换中心"打交道"，业务系统之间实现松耦合。

（1）数据定义

数据格式定义管理模块是实现数据松耦合，保证业务系统独立性的重要环节。

它定义了各种业务数据的表现，其中包括命名、数据类型、检查规则等。业务系统之间对于同一个业务对象的定义可能存在差异，在这些需要交换数据的系统之间传递数据需要消除这种差异，以保证数据可以被系统正确理解。数据定义层被用于解决业务数据格式的确定以及在转换不同的数据解释。对于行政服务中心软件系统来说，其需要处理的数据内部是一致的，各类业务系统以及未来新增的业务系统对其数据的定义的差异在经过数据定义层后消失，这将为系统的发展以及各类业务规则、业务处理在整个系统之间的统一应用带来极大地方便。

由于环保信息化平台的多个系统间的数据格式以及外部"要打交道"的系统的数据格式都可能不一样，开发者通过数据定义，可以将这些需要进行数据接口交换的系统的对外数据接口完整规范化，并转换成内部标准的XML，实现数据交换。

（2）数据映射

数据映射模块将业务系统调用传来的数据包映射成为标准的使用XML标准的数据格式。

来自不同系统的数据信息，经过数据定义形成了比较标准的格式，但由于环保信息化平台业务系统（比如在线监控系统）也有自身的数据标准格式，因此直接得到的数据是无法使用的。通过数据格式映射，各接口系统的数据信息可以转化为平台所需要的格式。

数据映射由Mapper来完成，Mapper接受Editor的输出，将来自原始描述的记录映射成目标描述，通过这种映射建立起一种数据转换规则。

（3）数据转换

多系统数据交换与流程集成经常要求大量的不同的数据格式转换，其中包括XML和各种自义格式。编写转换程序、校验程序和管理这些多对多的关系的程序的工作量非常大。各个行业都已有或正在制定自己的数据交换标准，各业务系统间的数据格式不统一，而且随着业务的变化和系统的升级，数据格式很难做到统一。

通过数据转换模块，支持完善的各种数据格式，包括XML、EDI、文本与自定义格式。用户完全可以通过业务总线相关的图形界面工具，定义数据的格式以及数据转换机制。数据转换模块负责在这些参数定义之间翻译数据，以保证各个系统可以以自己理解的方式接收到数据。

当数据被提交给数据交换平台后，平台会自动根据其有关的属性和数据转换规则进行数据格式和内容的转换。

数据转换过程如图7-12所示。

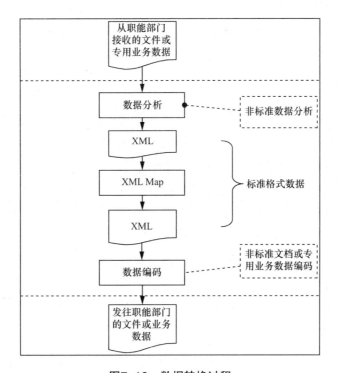

图7-12　数据转换过程

①数据分析（Parser）。数据分析根据公文交换标准定义或业务数据定义，将外部的非标准文档或专用业务数据转换为标准的XML形式。

②数据编码（Serializer）。数据编码将标准的数据转换成外部职能部门系统所需要的公文格式或专用业务数据。

（4）消息路由

交换中心主要在环保信息化平台业务系统与各其他部门业务系统之间建立连接，实现数据交换，因此必须保证安全可靠传送消息（数据或文件）的正确路由：一方面，基于规则的路由可以向不同的企业按照特定值发送数据或文件，这一智能功能减少了手工干预，使得操作变得更快捷和正确。

另一方面，数据或文件必须能够可靠地进行投递。一个辅助的传输协议可以

在第一次传送失败的情况下进行最大限度地尝试。如果再次尝试仍然失败，数据或文档将被送入队列之中等待手工处理，并提醒管理员。

（5）适配器（SOA接口）

根据松耦合的设计原则，平台业务系统、开发区相关业务系统之间是不存在直接的调用的关系，它们都是通过与交换平台传递消息的方法进行流程整合和传输数据。

各业务系统之间接口具有的特点如图7-13所示。

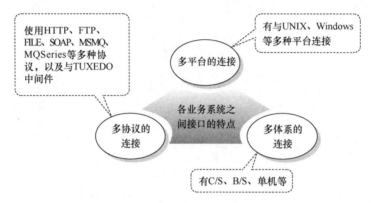

图7-13　各业务系统之间接口的特点

适配器技术可以将各业务系统、数据库系统和网络服务组件封装起来，实现系统之间的互联互通。

适配器是为了解决系统之间的连接而开发的可重用的、统一的接口，通过该接口，每一个应用系统仅需要与交换平台相连，而不需要与每个与之交互的应用系统相连。

7.4.3　数据仓库管理

1. 元数据管理

环境保护业务系统每年会产生大量的数据，由此产生的难题是很难有效地管理大量的、繁杂的、不一致的数据，并有效、快速地访问以及利用这些数据。数据仓库被建设者把这些数据整合在一起后，还需要强大的元数据管理。

元数据（Metadata）是关于数据的数据。在数据仓库系统中，元数据可以帮助数据仓库管理员和数据仓库的开发人员非常方便地找到他们所关心的数据；元数据是描述数据仓库内数据的结构和建立方法的数据，我们可将其按用途的不同分为技术元数据（Technical Metadata）和业务元数据（Business Metadata），如图7-14所示。

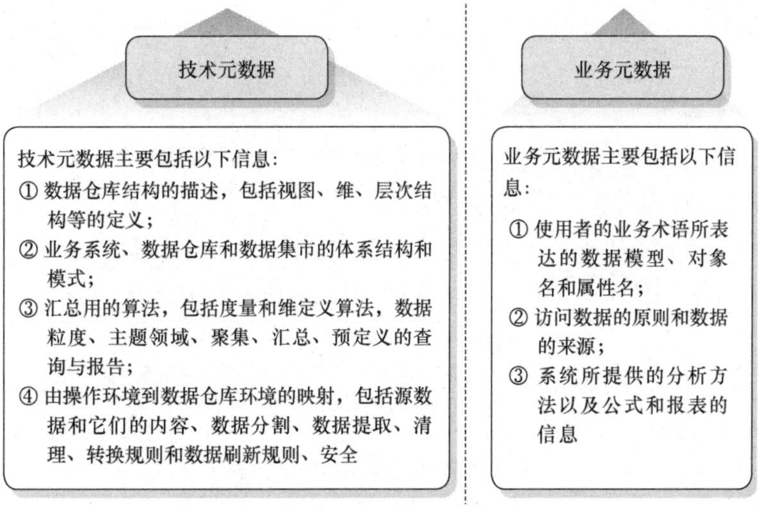

技术元数据

技术元数据主要包括以下信息：
① 数据仓库结构的描述，包括视图、维、层次结构等的定义；
② 业务系统、数据仓库和数据集市的体系结构和模式；
③ 汇总用的算法，包括度量和维定义算法，数据粒度、主题领域、聚集、汇总、预定义的查询与报告；
④ 由操作环境到数据仓库环境的映射，包括源数据和它们的内容、数据分割、数据提取、清理、转换规则和数据刷新规则、安全

业务元数据

业务元数据主要包括以下信息：
① 使用者的业务术语所表达的数据模型、对象名和属性名；
② 访问数据的原则和数据的来源；
③ 系统所提供的分析方法以及公式和报表的信息

图7-14 元数据按用途的分类

建立数据仓库的一个重要工作是元数据管理。元数据管理是企业级数据仓库中的关键组件，元数据用于建立、维护、管理和使用数据仓库。

数据库和数据仓库实践领域的经验表明，实现拥有不同厂商、不同功能和不同元数据库的不同产品之间的元数据同步是非常大的挑战。因为必须从一种产品中获得足够详细的元数据，将其映射到另一种产品中，再指出两者意义或编码的差别；通常系统有数百数千个元数据，开发者必须使用元数据管理工具对每个元数据重复这一过程。

在整个数据仓库环境中，元数据管理工具可以从关键数据仓库组件中收集元数据，以便向业务用户传递正确的信息。采集、集成和描述元数据的范围可以十分广泛，它可以在设计和建模的过程中，可以在转换和清洗的过程中，可以在数据移植过程，可以从数据库/数据存储软件，还可以从最终用户工具得到。元数据可以分为开发者和管理员使用的技术元数据，以及支持商业用户的商业元数据。

元数据管理工具可以进行元数据的差异分析，当数据模型被修改后，通过元数据管理工具进行差异分析，查找出受此影响的模型、ETL任务和报表。通过元数据管理工具，管理员可以分析数据经过了哪些加工，可以列出数据加工过的所

有ETL任务，从而清楚地掌握数据的流向。数据标准文档、数据字典文档、数据处理的Mapping文档等也是辅助进行元数据管理的重要手段。

2. 性能监控和管理

性能管理的关键在于收集足够多的分析所需要的数据，及时准确地了解系统的运行状况，发现性能瓶颈，做出调整。性能管理主要包括以下3个方面，如图7-15所示。

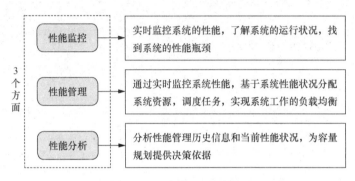

图7-15　性能管理的3个方面

3. 数据仓库运行时监控

建立数据仓库系统后，我们除了日常的数据加载备份操作外，还需要监控系统，以确保系统的正常运行。

维护数据仓库的工作主要是管理日常数据装入的工作，其包括刷新数据仓库的当前详细数据，将过时的数据转化成历史数据，清除不再使用的数据、管理元数据等；另外，我们还要利用接口定期从操作型环境向数据仓库追加数据，确定数据仓库的数据刷新频率等。

运行维护控制台作为系统管理员每天对系统进行监控的工具，该工具包括任务调度、系统监控、系统备份、用户管理等。

7.4.4　信息服务系统

建立规范的环境数据共享交换标准，提出各业务数据集成到环境数据中心的标准数据内容和数据格式、数据集成方式、数据传输标准。

建立基于数据中心的一对多的数据共享交换机制，统一管理和使用环境数据。定义各类业务的Web Service数据接口，为其他业务系统获取数据中心的数据，以及数据中心与业务应用系统互动提供服务。

7.4.5 数据查询系统

数据查询系统的功能模块如图7-16所示。

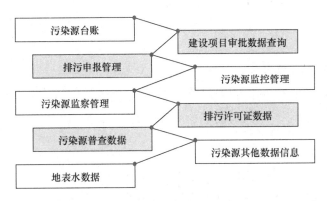

图7-16 数据查询系统的功能模块

1. 污染源台账

建立重点污染源的环境档案，将重点污染源企业从审批起就把所有的资料收集整理归档，实现污染源"一厂一档"管理。提供关联查询企业基本概况及其生产工艺流程、排放污染物种类及浓度、环评和批复数据、日常监察笔录、行政处罚情况、信访举报记录、企业环境事故应急方案等各项环境监管内容，并实现数据中心与业务应用系统中的数据同步更新。

污染源台账系统主要是基于污染源全生命周期的变化，对全局范围内的污染源进行集中管理的系统。

理顺在整个污染源生命周期过程中，如何对污染源管理，确认每个业务部门对污染源的哪些信息进行维护、更新和补充，确保污染源信息与污染源的实际情况相符合。

2. 建设项目审批数据查询

新、改、扩项目管理涉及的主要部门是审批服务科，此外还包括执法监察大队，按照流程开发新改扩建系统，主要包括项目申请、环评管理、"三同时"检查、试运行管理、"三同时"验收登记、竣工验收管理等各个环节，并对每个环节涉及的具体数据内容及数据类型做详细地描述，系统的数据格式和编码采用数据中心的统一格式，提供统一的信息采集接口，采集的数据信息经过数据中心的数据质量控制直接进入数据仓库。

3. 排污申报管理

以污染源为主线，结合国家统一的排污申报格式改造相关的业务报表，对排污申报的各种信息进行统一管理，并提供相关查询功能、审核功能等。

同时，能将排污申报数据纳入到项目建设的数据框架中来，并能提供相关申报数据的接口，以实现申报数据在统一的数据框架上的共享。

基于数据采集功能，实现企业污染情况在线申报，申报内容完全按照国家报表要求，污染源包括一般企业和重点企业。数据中心把采集到的污染源数据用于排污费征收、排污许可证年检以及污染源监察等各个环节，并能够自动生成给上级的报表。

数据中心数据库系统将按照统一的数据格式、数据质量标准对业务数据进行转换和清洗，并与数据中心其他污染源数据合并，形成全套污染源全生命周期的、完整的、全面的数据。

4. 污染源监控管理

建立该业务系统数据与数据中心数据库的转换接口；继续完善该系统与地理信息系统的集成，实现系统之间的互访；以地理信息为基础，全面显示污染源实时监控数据信息。

5. 污染源监察管理

未来在环境数据库系统标准数据平台上建立一套符合环保日常业务管理需要的、对污染源进行监察管理的应用系统。此系统建成后，将能够有效地管理污染源现场监理、违法、违规等排污行为及环境污染治理设施运行情况的监理信息；并能将监理信息和处理结果提供至排污许可证的年检过程中，以有效管理污染源排污许可证。

针对企业的排污行为，按照监测数据和申报数据核算企业排污费，并且对排污费的征收过程进行管理，并提供对决策的支持。

在未来，为了能够在数据中心的数据平台上建立给业务系统，在环境数据库系统中应该包含污染源的监察信息。

6. 排污许可证数据

以污染源为主线，对许可证各种业务相关资源信息进行统一有效地管理，提供相关业务功能，并提供数据在统一的数据框架上的共享接口。排污许可证管理主要完成对排污许可证的申请、审核、发放、年检、查询等业务。

7. 污染源普查数据

将污染源普查数据纳入数据中心，并根据经纬度坐标在地图上显示数据，分析污染物的排放量。

8. 污染源其他数据信息

管理污染源管理等方面的其他信息，同时将这些信息与地理信息结合，可以为领导决策以及应急指挥提供全面的可视化信息。

9. 地表水数据

水质量数据查询主要功能如图7-17所示。

1 在地图上能显示各流域、断面，能显示各流域监测站的坐标及基本信息

2 显示来自监测站的水质监测因子，水环境信息数据库中断面的水质监测因子（水温、电导、pH值、浊度、DO、高锰酸盐指数、NH_3-N）数据

3 具有分析报表功能。对于断面水质量情况总数据按指定的时间段进行列表和图形方式分析，列表分析将以表格的方式给出上述数据，图形方式通过使用图形直观地显示上述数据

4 提供对水监测数据进行修正的功能

5 提供统计、查询、分析和报表的功能

图7-17　水质量数据查询功能

第8章

环境监测在线平台（系统）建设

环境监测在线平台是指应用物联网技术，将监测设备采集到的实时数据，通过联网上报的方式上传到监测系统数据库中，利用互联网信息化技术将其展现到环境在线系统页面上的平台。

作为环境保护工作中的基础环节，环境监测对于环境质量以及污染源的排放具有重要的监控作用，并且已经逐步成为了环境管理科学化的重要标志，因此，建设环境在线监控平台，并将其应用于实际生活中具有重要的意义。

8.1 环境监测在环境保护中起到的重要作用

8.1.1 环境监测为环境保护工作指明方向

环境保护的任务非常繁重，因为它涉及的范围很广，如水污染、大气污染、土壤污染、噪音污染等。环保部门需要面对辖区内全面性的环境保护工作，点多面广，环保部门通常为环境污染的控制工作提供一个临时性、应急性的解决方案，大多会经历"污染→治理→改善→再污染→再治理"的反复性阶段。所以，在严重污染的情况下开展环境保护突击治理是非常不明智的、不合理的，也不是环境保护的治本之策，环保部门必须采用更科学的治理措施。在这个大背景下，环境监测将能够发挥重大作用，它可以为辖区环境质量控制提供现状数据，减少环保部门的工作量，使其可以找到一个更科学、合理的环境污染控制的方向。环境监测系统将收集全国各地，如大气、水、土壤和其他自然环境污染信息，并对收集后的数据进行统一分析。环保部门也可以通过环境监测系统检查全国各地的环境污染情况，从而更直接地发现是否存在相关性的环境污染情况，并为下一步环保工作指明方向。

8.1.2 环境监测为环保标准的制订提供依据

环保部门的工作也需要有相应的参照标准，以确定大气、土壤、水环境相关的保护工作是否符合环境质量标准要求。如果发现污染的情况，环保部门还需要使用标准来衡量环境污染程度。因此，核定环境标准是非常重要的，环境监测系统的使用可以提供当前环境质量现状指标。环保部门开展环境监测工作时，需要在自然环境中不同点位、不同时期采集各种数据，对这些数据进行比较分析，以了解不同的地方在同一时期、不同时期的自然环境污染或污染的情况。这些数据可以为中国的环境污染状况监测并为环境标准的制订提供数据支持。

8.2 环保物联网智能监控平台建设

8.2.1 环保物联网监控系统

环保物联网监控系统就是在点、线、面、源的合适点位安装各种环境监测、监控传感器（包括自动监测仪器仪表（主要是化学传感器）、数据采集传输仪、FRID传感器等），通过各种通信信道与环境监控中心的通信服务器相连，实现在线实时通信，这样传感器感知的点位环境状态就被源源不断地送到环保局，并被存储在环保云计算平台的海量数据库服务器上，以供环保信息化各种应用系统使用。

环保物联网监控系统要接入各类环境感知数据，感知数据接入服务包括数据采集管理、数据存储管理、数据补足管理3部分，将污染源监控、环境质量等感知数据接入数据库，实现状态、浓度、流量、视频、图像、时态、空间等数据的一体化管理及标准化接入。

感知数据接入服务主要负责接收和存储污染源监控、环境质量等各类感知数据。感知数据接入的数据传输标准将基于环保部标准《污染源在线自动监控（监测）系统数据传输标准》（HJT 212−2005），并根据各地区环保部门的要求进行扩展，与各运营单位的数据上报接口实现统一对接。

感知数据接入服务在设计上考虑扩展性，能够无缝扩展将来增加的感知数据的种类。感知数据包括水环境质量自动监测、大气环境质量自动监测、污染源自动监测、治理设施运行状态自动监控等数据。感知数据接入服务面向"智慧环保"的统一数据管理需求，在设计上体现出对各类感知数据、监测数据、监察数据等的接入需求，结合智能感知系统建设的需求进行规范化设计，以满足系统的高扩展要求。

1. 环境监测数据采集管理

感知数据接入服务采集系统运行所需的数据，为智慧环保各应用系统提供数据保证。系统采集数据类型包括监测和监控数据（包括污染源监测数据、环境质量监测数据、治理设施监控数据等）、监控视频数据（包括视频和现场图像数据）两部分。

2. 视频监控数据采集管理

感知数据接入服务根据环保部相关标准制订规范化的视频数据采集接口，集成和管理各运营单位的监控视频，包括污染源监控视频、区域环境监控视频等。

3. 数据补足管理

感知数据接入服务对缺失的数据进行补足，确保数据完整，补足方式为人工补足和自动补足两种方式，如图8-1所示。

人工补足	自动补足
人工每发现系统数据缺乏时，创建一条"补足要求记录管理"记录，后台程序每天24小时读取补足要求记录数据表，获取数据缺乏时间段，并统一发起补足请求，数据发送方（运营单位）获取该请求后，依据指定协议将缺乏数据发送至指定服务器，指定服务器通过接收端根据协议接收数据，保证数据的完整性	系统后台程序每天24时读取监测数据表并进行分析，将监测数据同各个监测点设备进行匹配，获取到未提交的数据设备信息，并统一发起补足请求，数据发送方（运营单位）获取该请求后，依据指定协议将缺乏数据发送至指定服务器，指定服务器通过接收端根据协议接收数据，保证数据的完整性

图8-1 数据补足的方式

8.2.2 监控系统主要功能

1. 感知数据展示

感知监控数据的展示主要将实时监测指标数据、动力设备状态监控数据、视频数据进行集中展示，结合业务数据、分析结果等信息进行综合显示。主要展现形式包括表格在线展示、GIS在线展示、详细数据展示和视频展示等。

2. 表格在线展示

感知数据以表格的形式展现出来，包括点位名称、实时监测数据、设备运行状态等信息，其中，数据异常或缺失等情况以图标、红色加粗字体突出显示，并提供详细信息快速查看入口，提供方便快捷的操作体验。

3. GIS在线展示

监测数据基于电子地图显示，用户可对电子地图进行放大、缩小及平移等简单的操作。系统通过对点位的搜索和筛选，可快速将点位投影在地图上，并根据用户选择定位具体的监控点。

其中，监控点根据不同的类型在地图上显示出不同的图标，方便用户识别。

异常的监控点以红色图标突出，方便环保人员快速跟踪监控点异常情况。

4. 详细监测数据展示

系统通过弹出窗口的方式，方便用户查看指定污染源的最新监测数据、基础信息、现场图片、故障信息、监测因子统计图、视频等信息。窗口根据监控点所属排放口将实时监测数据、生产和污染治理设施设备的状态工艺图、视频等信息集成在同一窗口并进行展示，方便用户全面地监控监控点。

5. 污染源治理设置工艺流程监控

企业污染治理设施处理工艺流程和运行状态的监控可使环保执法人员方便快捷地了解现场设备的在线运行状况，通过辅助策略帮助企业判断当前排放口污染物浓度是否真实，从而有效判断和预防污染事故的发生，并方便企业采取相应措施进行故障处理。

环保管理部门可以通过工艺流程图方便直观地查看监控企业的生产设施和治理设施的运行情况以及关键工艺环节的监测值，如水流量、pH值等。

用户可以根据每个企业不同的工艺流程设定生产设施、治理设施、关键工艺环节监测值、排放口监测值等监控信息之间的联动关系和报警策略。系统会根据设定的报警策略，向不同的用户群体（环保部门人员、运营维护单位、监控企业）发送报警信息。

6. 监控企业的统计分析管理

监控中心平台能够实现对每个企业的监控、监测情况进行统计分析，并以直观的统计专题图的方式显示出监控设备的运行情况和监测因子的变化趋势。在监控情况统计图中，系统以柱状图的方式显示出每个时间段中排放浓度超标、设备联动异常的统计分析图。在监测因子折线图中，系统可显示最近24小时监测因子的统计分析图，用户可以通过折线图直观地分析出监测因子的变化趋势。

8.3 大气污染监测子系统

8.3.1 功能需求分析

随着全球经济和工业的飞速发展，大气环境污染越来越严重，其中就有人们熟知的PM2.5，而物联网技术可以有效地应用到大气污染的监测过程中，监测空气

中可吸入颗粒物的含量、空气中有毒有害物质的含量，甚至能够监测大气中的氧气含量、二氧化碳含量、氮气含量等，以保证大气层整体的完整性，并且通过实时传输把监测器上的相关数据传输到气象中心，再传输给电视新闻中心以告知民众。

8.3.2 空气在线监测系统

空气质量在线监控系统是由若干子系统及数据采集处理子系统组成的。其测定空气中颗粒物浓度、二氧化硫浓度、氮氧化物浓度，同时可测量温度、压力、流量、含湿量、含氧量等参数，并可计算各种参数，以图表的形式将数据传输至环保主管部门，无人远程实时监测监测区域，做到实时监控和应急预警。

空气在线监测系统拓扑结构如图8-2所示。

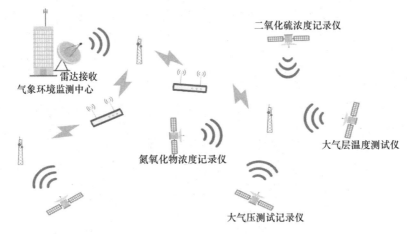

图8-2 空气在线监测系统拓扑结构

8.4 海洋污染监测子系统

8.4.1 功能需求分析

我国的海洋污染物联网系统建设还处于初级阶段，但是很多国家很早就研究海洋污染监测的物联网系统的建设。海洋污染物联网系统能够监测一个国家海洋的水质情况、污染物情况，能够及时地发现、处理一些人为灾害或者自然灾害的发生，比如系统能够在核污染发生时及时发现污染物是否达到国家的近海，在轮船原油泄漏时及时地判断原油泄漏的污染情况并及时地做出处理，以控制污染。

8.4.2 海洋污染监测的对象和方法

海洋污染监测按对象可分为水质监测、底质监测、生物监测和大气监测。海洋污染监测按方法可分为常规监测和遥感遥测：常规监测是指现场人工采样、观测、室内化学分析测试及某些相关项目的现场自动探测；遥感遥测则指利用遥感技术监测石油、温排水和放射性物质的污染，主要使用的仪器设备有用于航空遥感的红外扫描仪、多光谱扫描仪、微波辐射计、红外线辐射计、空中摄影机和机载测视雷达等。此外，还有远距离操纵的自动水质监测浮标。人造地球卫星也已经广泛应用于海洋污染监测。

8.4.3 海洋在线监测系统

海洋污染物联网系统能够监测一个国家海洋某个区域内水质的变化情况、污染物情况，当一些人为灾害或者自然灾害发生时，系统会进行自动报警，及时提醒相关部门处理。该系统主要监测海洋中各种重金属元素及其他污染物的含量及变化以及海洋生物的生存状态等，计算各种数据，并将数据和图表提交给海洋管理部门，实现在线监测和管理国家海洋领域的水质。

海洋在线监测系统拓扑如图8-3所示。

8.5 水污染监测子系统

8.5.1 功能需求分析

河流、河道的水质监测、水库水质监测及污水处理质量监测都已经应用了

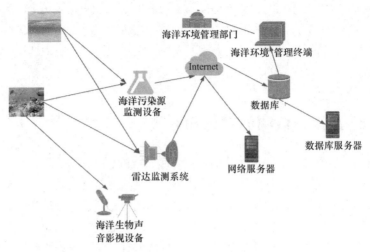

图8-3 海洋在线监测系统拓扑

物联网技术,通过传感器监测水质中含有的各种污染含量、气体含量、有毒有害物质含量;然后将监测到的数据传送到中央控制系统中,计算机自动对比分析以判断水质情况和水质安全情况,所有的数据都会被自动储备。一旦发现问题,系统会自动报警,人也能够对系统进行干预,通过人为方式进行实时的监测观察。

8.5.2 水质在线监测系统

水质在线监测系统是一套以在线自动分析仪为核心,运用现代传感器技术、自动检测技术、自动控制技术、计算机应用技术以及配套的软件和通信网络组成的综合性在线自动监测系统。方案平台基于微定量分析技术及系统智能集成技术,通过对水样及预处理系统进行控制,实现对水样的环境参数进行测量控制和预警等功能。

系统利用物联网技术构建污染源自动监测管理体系,在重点污染企业废水、废水排放口设置在线监测设备,升级改造现有监测设备,自动获取监测点污染的信息;通过智能感知获取污染因子排放数据,中心管理控制平台对污染源实现全覆盖、全自动、全天候的监控,提高污染源监测器的管理水平和效率。

水质在线监测系统拓扑如图8-4所示。

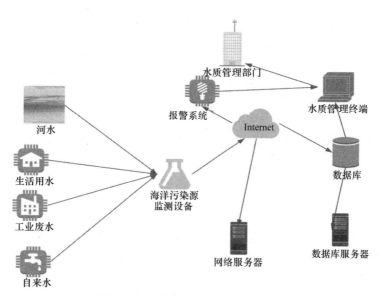

图8-4　水质在线监测系统拓扑

水污染连续自动监测系统的组成

与空气污染连续自动监测系统类似，水污染连续自动监测系统也由一个监测中心站，若干个固定监测站（子站）和信息、数据传递系统组成。中心站的任务与空气污染连续自动监测系统中心站的任务相同。水污染连续自动监测系统包括地表水和废（污）水监测系统。

各子站装备有采水设备、水质污染监测仪器及附属设备，水文、气象参数测量仪器，微型计算机及无线电台。其任务是对设定的水质参数进行连续或间断性自动监测，并将测得的数据进行必要的处理；接受中心站的指令；将监测数据进行短期存储，并按中心站的调令，将其通过无线电传递系统传递给中心站。

采水设备由网状过滤器、泵、送水管道和高位储水槽等组成，通常配备两套，以便在一套停止清洁工作时自动开启备用的一套。采水泵常使用潜水泵和吸水泵，前者因浸入水中而易被腐蚀，故寿命较短，但适用于送水管道较长的情况；吸水泵不存在腐蚀问题，适合长期使用。采水设备在微机控制下可自动定期清洗。清洗方

式为利压缩空气压缩喷射清洁水、超声波或化学试剂清洗，视具体情况选择或将其结合使用。水样通过传感器的方式有两种：一种是直接浸入式，即把传感器直接浸入被测水体中；另一种是用泵把被测水抽送到检测槽，传感器在检测槽内进行检测。由于后一种方式适合于需要进行预处理的项目，并能保证水样通过传感器时有一定的流速，所以目前几乎都采用这种方式。

1.子站布设及监测项目

相关人员布设水污染连续自动监测系统各子站时，首先要进行调查研究，收集水文、气象、地质和地貌、污染源分布及污染现状、水体功能、重点水源保护区等基础资料，然后经过综合分析，确定各子站的位置，设置代表性的监测断面和监测点。监测断面和监测点的设置原则和方法与第2章"水质监测"中介绍的原则和方法基本相同。

许多国家都建立了以监测水质一般指标和某些特定污染指标为基础的水污染连续自动监测系统。表8-1列出监测系统可进行连续或间断自动监测的项目及其测定方法。需与水质指标同步测量的水文、气象参数有水位、流速、潮汐、风向、风速、气温、湿度、日照量、降水量等。废（污）水自动监测系统建在大型企业内，连续监测给水水质和排水中主要污染物质的浓度及排水总量，并对污染物排放总量进行控制。

水污染连续自动监测系统目前存在的主要问题是监测项目有限；监测仪器长期运转的可靠性尚差；经常发生传感器沾污、采水器和水样流路堵塞等故障。

表8-1 水污染可自动监测的项目及方法

	项目	监测方法
一般指标	水温 pH值 电导率 浊度 溶解氧	铂电阻法或热敏电阻法 电位法（pH玻璃电极法） 电导电极法 光散射法 隔膜电极法（极谱或原电池型）
综合指标	化学需氧量（COD） 高锰酸盐指数 总需氧量（TOD） 总有机碳（TOC） 生化需氧量（BOD）	库仑滴定法或比色法 电位滴定法 高温氧化—氧化锆氧量仪法 燃烧氧化—非色散红外吸收法或紫外催化氧化—非色散红外吸收法 微生物膜电极法

（续表）

项目		监测方法
单项污染指标	总氮	密封燃烧氧化—化学发光法
	总磷	比色法
	氟离子	离子选择电极法
	氯离子	离子选择电极法
	氰离子	离子选择电极法
	氨氮	离子选择电极法或膜浓缩—电导率法
	六价铬	比色法
	苯酚	比色法或紫外吸收法

2.水污染连续自动监测仪器

（1）水温监测仪

水温监测仪一般用感温元件如铂电阻或热敏电阻做传感器测量水温。具体方法为：将感温元件浸入被测水中并接入平衡电桥的一个臂上；当水温变化时，感温元件的电阻随之变化，则电桥平衡状态被破坏，有电压信号输出，根据感温元件电阻变化值与电桥输出电压变化值的定量关系实现对水温的测量。

（2）电导率监测仪

溶液电导率的测量原理和测量方法在第2章已进行过介绍。连续自动监测，常用自动平衡电桥法电导率仪和电流测量法电导率仪测定电导率。后者采用了运算放大电路，可使读数和电导率呈线性关系，近年来应用日趋广泛。

运算放大器4有两个输入端，其中A为反相输入端，B为同相输入端，它有很高的开环放大倍数。如果把放大器输出电压通过反馈电阻R_5向输入端A引入深度负反馈，则运算放大器就变成电流放大器，此时流过R_f的电流I_2等于流过电导池（电阻为R_x，电导为L_x）的电流I_1，即：

$$\frac{V_0}{R_x} = \frac{V_c}{R_f}$$

$$L_x = \frac{1}{R_x} = \frac{V_c}{V_0} \cdot \frac{1}{R_f}$$

式中，V_0和V_c分别为输入和输出电压。当V_0和R_f恒定时，则溶液的电导（L_x）正比于输出电压（V_c）。反馈电阻R_f即为仪器的量程电阻，可根据被测溶

液的电导值来选择其值；另外，还可将振荡电源制成多档可调电压供测定选择，以减少极化作用的影响。

（3）pH监测仪

pH监测仪由复合式pH玻璃电极、温度自动补偿电极、电极夹、电线连接箱、专用电缆、放大指示系统及小型计算机等组成。为防止电极长期浸泡于水中表面沾附污物，电极夹上带有超声波清洗装置，定时自动清洗电极。

（4）溶解氧监测仪

水污染连续自动监测系统，广泛采用隔膜电极法测定水中的溶解氧。隔膜电极有两种，一种是原电池式隔膜电极，另一种是极谱式隔膜电极。由于后者使用中性内充溶液，维护较简便，适用于自动监测系统，电极可安装在流通式发送池中，也可浸入搅动的水样（如曝气池）中，该仪器设有清洗装置。

（5）浊度监测仪

被测水经阀1进入消泡槽，去除水样中的气泡后，由槽底经阀2进入测量槽，再由槽顶溢流流出。测量槽顶经特别设计，使溢流水保持稳定，从而形成稳定的水面。从光源射入溢流水面的光束被水样中的颗粒物散射后，其散射光被安装在测量槽上部的光电池接收，转化为光电流。同时，一部分光源通过光导纤维装置导入作为参比光束输入到另一光电池，两光电池产生的光电流送入运算放大器进行运算，并转换成与水样浊度呈线性关系的信号，用电表指示或记录仪记录。仪器零点可通过过滤器的水样进行校正，量程可用标准溶液或标准散射板进行校正。光电元件、运算放大器应装于恒温器中，以避免温度变化带来的影响。测量槽内的污物可通过超声波清洗装置定期自动被清洗。

（6）高锰酸盐指数监测仪

高锰酸盐指数监测仪有比色式和电位式两种。在程序控制器的控制下，其依次将水样、硝酸银溶液、硫酸溶液和0.005mol/L高锰酸钾溶液经自动计量后送入置于100℃恒温水浴中的反应槽内，待反应30min后，自动加入0.0125mol/L草酸钠溶液，将残留的高锰酸钾还原，过量草酸钠溶液再用0.005mol/L高锰酸钾溶液自动滴定，到达滴定终点时，指示电极系统（铂电极和甘汞电极）发出控制信号，滴定剂停止加入。数据处理系统经过运算将水样消耗的标准高锰酸钾溶液量转换成电信号，并直接显示或记录高锰酸钾指数。测定过程一结束，反应液从反应槽自动排出，经清洗水自动清洗几次，整机恢复至初始状态，再进行下一个周期测定。每一测定周期需经历1小时。

（7）COD监测仪

常用的COD监测仪是间歇式比色法和恒电流库仑滴定法COD自动监测仪。前者基于在酸性介质中，用过量的重铬酸钾氧化水样中的有机物和无机还原性物质，用比色法测定剩余重铬酸钾量，计算出水样消耗重铬酸钾量，从而得知COD，仪器利用微机或程序控制器自动量取水样、加液、加热氧化、测定及数据处理等操作。后者是将氧化水样后剩余的重铬酸钾用库仑滴定法测定，根据其消耗电量与加入的重铬酸钾总量所消耗的电量之差，计算出水样的COD，仪器也是利用微机按预定程序自动进行各项操作。

（8）微生物传感器BOD自动监测仪

微生物传感器法测定BOD由液体输送系统、传感器系统、信号测量及数据处理、程序控制系统等组成，可在30分钟内完成一次测定。

① 将中性磷酸盐缓冲溶液用定量泵以一定流量打入微生膜传感器下端的发送池，发送池置于30℃恒温水浴中。因缓冲溶液不含BOD物质，故传感器输出信号为一个稳态值。

② 将水样以恒定流量（小于缓冲溶液流量的1/10）打入缓冲溶液中，与其混合后进入发送池。因此时的溶液含有BOD物质，传感器输出信号减小，其减少值与BOD物质的浓度有定量关系，经电子系统运算，直接显示BOD值。

③ 一次测定结束后，将清洗水打入发送池，清洗输液管路和发送池。清洗完毕再自动开始第二个测定周期。

根据程序设定要求，每隔一定时间打入BOD标准溶液校准仪器。

（9）TOC监测仪

TOC自动监测仪是根据非色散红外吸收法原理设计的，有单通道和双通道两种类型。其用定量泵连续采集水样并将其送入混合槽，在混合槽内与以恒定流量输送来的稀盐酸溶液混合，使水样pH值介于2和3，之后碳酸盐分解为CO_2，经除气槽随鼓入的氮气排出。已除去无机碳化合物的水样和氧气一起进入850℃～950℃的燃烧炉（装有催化剂），水样中的有机碳转化为CO_2，经除湿后，用非色散红外分析仪测定。邻苯二甲酸氢钾被作为标准物质定期自动对仪器进行校正。这种仪器的另一种类型是用紫外光—催化剂氧化装置替代燃烧炉。

（10）UV（紫外）吸收监测仪

由于溶解于水中的不饱和烃和芳香族化合物等有机物强烈吸收254nm附近的光，而无机物对其吸收甚微；实验证明某些废水或地表水对该波长附近光的吸光度与其COD值有良好的相关性，故可用来反映有机物的含量。该方法操作简便，易于实现自动测定，目前其在国外多用于监测排放废水的水质，当紫外吸收值超过预定控制值时，就按超标处理。

低压汞灯发出约90%的254nm紫外光束通过水样发送池后，聚焦并射到与光轴成45°角的半透射半反射镜上被分成两束，其中一束光经紫外光滤光片后得到254nm的紫外光（测量光束）。另一束光射到光电转换器上，将光信号转换成电信号，该电信号反映了水中有机物对254nm光的吸收和水中悬浮粒子对该波长的光因吸收及散射而衰减的程度。假设悬浮粒子对紫外光的吸收和散射与对可见光的吸收和散射近似相等，则两束光的电信号经差分放大器进行减法运算后，其输出信号即为水样中有机物对254nm紫外光的吸光度，消除了悬浮粒子对测定的影响。仪器经校准后可直接显示有机物浓度。

（11）其他污染物监测仪器

测定水中污染物的自动监测仪器还有总氮、总磷、氨氮、氟化物、氰化物、六价铬、总需氧量（TOD）等监测仪。

水样中的总氮用密封燃烧氧化—化学发光监测仪测定，其原理如下：首先将水样注入密闭、温度为750℃的反应管中，在催化剂的作用下，水样中的含氮化合物燃烧氧化生成一氧化氮，然后用载气将其载入化学发光测定仪进行测定，各项操作在自控装置的控制下按预定程序自动进行。

总磷监测仪的工作原理是：在自控装置的控制下，按预定程度自动进行水样消解和用钼锑抗光度法测定。

氨氮、氟化物监测仪是以离子选择电极为传感器的自动监测仪。六价铬自动监测仪是依据比色法原理设计的。TOD自动监测仪的工作原理是将水样置于900℃和有催化剂存在的反应室中，通入含有一定浓度氧的载气，使水样中的有机化合物和其他还原性物质被瞬间完全氧化，载气中氧浓度降低，用氧化锆氧量检测器测定载气氧浓度减少值就可得知TOD值。各项操作按预定程序自动完成并显示测定结果。氧化锆氧量检测器是一种高温固体电解质浓差电池型检测器，其电动势取决于待测气体中的氧浓度。

3.水质污染监测船

水质污染监测船是一种水上流动的水质分析实验室，它用船作为运载工具，装上必要的监测仪器、相关设备和实验材料，可以灵活地开到需要监测的水域进行监测工作，以弥补固定监测站的不足；可以方便地追踪寻找污染源，研究污染物扩散、迁移规律；可以在大水域范围内进行物理、化学、生物、底质和水文等参数的综合观测，获得多方面的数据。

水质污染监测船上一般装备有水体、底质、浮游生物等采样系统或工具，固定监测站和水质分析实验室中必备的分析仪器、化学试剂、玻璃仪器及材料，水文、气象参数测量仪器及其他辅助设备和设施（如标准源、烘箱、冰箱、实验台、通风及生活设施等），还备有浸入式多参数水质监测仪，可以垂直放入水体不同深度同时测量pH值、水温、溶解氧、电导率、氧化还原电位和浊度等参数。

8.6　生态环境监测子系统

8.6.1　功能需求分析

生态环境的物联网监测系统其实是一个较为宽泛的系统概念，但也已经逐步地被应用，一般来说，这样的一个监测系统不仅仅包括以上提及的几个已经投入使用的环境监测系统，它还包括视频监控系统、生态环境的生物和动物生存情况的监测等一系列的监控系统。生态环境的物联网监测应用主要应用在自然保护区、沙漠绿植研究、热带雨林生态监测、草原生态恶化监测中，其可把相应数据统计提交给相关生态环境研究部门，方便生态学者记录和分析自然生态环境的变化，也方便相关研究人员给出及时的解决和监管方案。

8.6.2　生态环境监测子系统

生态环境监测系统相对比较复杂，主要通过监测某区域生态环境系统温度、水分、植被覆盖率、动物的迁徙等，来判断监测区域内的生态环境变化。通过视频监控系统，相关人员可以监测某区域动物的生存状态，并最终将数据汇集到中央控制系统中。生态环境的物联网监测应用主要有以下几方面：

① 在一些自然保护区，对稀有动植物的分布和状态进行统计分析；

② 对沙漠绿色植被生存环境的采集和分析，由相关人员进行研究，防止沙漠化加剧；

③ 对热带雨林生态进行监测，对某时段雨林系统的温度、水分、气体含量进行统计，并由相关生态研究员进行分析评估，预防雨林自然火灾；

④ 草原生态监测系统定期对草原环境进行监测，防止草原退化。

系统然后把相应数据统计提交给相关生态环境研究部门，方便生态学者对自然生态环境的变化进行记录和分析，也方便相关研究人员给出及时的解决和监管方案。

生态环境管理子系统拓扑如图8-5所示。

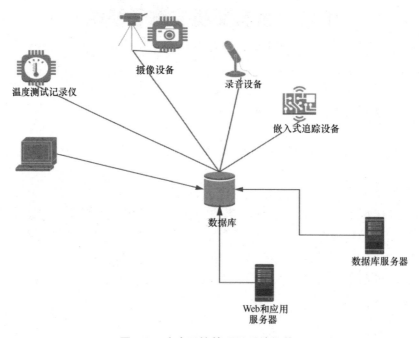

图8-5　生态环境管理子系统拓扑

8.6.3 生态环境监测网络建设方案

2015年7月26日，国务院印发《生态环境监测网络建设方案》，明确提出坚持全面设点、全国联网、自动预警、依法追责，形成政府主导、部门协同、社会参与、公众监督的生态环境监测新格局。到2020年，初步建成陆海统筹、天地一体、上下协同、信息共享的生态环境监测网络。

8.7　城市环境监测子系统

8.7.1 功能需求分析

最近几年内，随着城市经济的快速发展，城市环境污染越来越严重，因此对全国城市环境的监测和整治刻不容缓。建立全国城市环境监测系统，环境监管部门及新闻部门通过收集这些数据，及时为各地城市环境制订解决方案。如今，我国城市空气质量堪忧，尤其是一些大中型城市，一些由重型工业发展而来以及人口持续增多的城市大气污染都相对严重。对城市工厂污染物排放进行监测，并根据相关标准对其进行整治。

8.7.2 城市环境监测子系统拓扑

城市环境监测子系统通过污染源监测系统平台监测各个城市重点污染源污染物的排放总量、噪音污染、粉尘污染。为提高监测效能，系统必须采用自动化、信息化、科学化的技术手段，建设污染源在线监控系统平台，为节能减排、环境统计、排污申报、排污收费等提供依据。

城市环境管理子系统拓扑如图8-6所示。

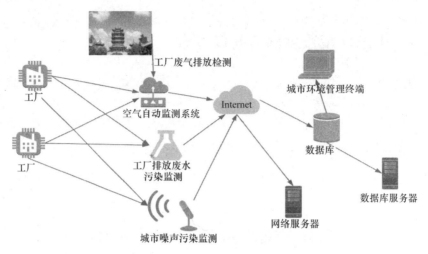

图8-6　城市环境管理子系统拓扑

某市环保局在线监测预警系统建设方案

1. 总体建设原则

为了满足环保领域日益增长的需求，本方案采用先进的视频监控技术、视频图像处理技术、视音频编解码技术、智能分析与模式识别技术、流媒体网络传输技术等技术构建一套完善的加油站安全监管系统。

（1）采用高清晰度的摄像机，实现现场监控可视化

环境保护监控系统往往具有监控区域较大、监控点布置位置较远、对图像细节、清晰度要求较高的特点。传统的标清图像在清晰度方面无法满足实际应用的需求。高清摄像机具有可拍摄高清晰度视频、图像的特性，广泛应用于大区域和对图像质量要求较高的监控应用中。系统通过在排污口、烟囱附近等地安装高清晰度的摄像机，获取工厂排放的清晰的实时视频，以便相关人员随时查看，了解生产过程中废弃物排放的实时状况。

（2）采用丰富的报警和联动技术，实现报警方式多样化

环境监控点一般需要全天24小时不间断监控，且点位众多、涉及范围广，靠监控人员的肉眼去发现异常的方式一方面费用开销较大，另一方

面也容易出现遗漏或不能及时发现问题，不能达到监控防护的效果。本系统采用先进的报警设备，接入各类模拟量、开关量报警，制订丰富多样的联动计划（例如客户端联动、手机短信联动、电视墙联动、电子邮件联动等），当发生报警时，设备将报警信息传送到监控中心，中心根据联动计划将报警信息及时快速地传送给相关负责人，多种通知方式能够满足各种人群的需要，达到提前预警、便于及时处理的效果。

（3）采用前端设备存储技术，实现历史数据可查化

环境监控点分布较广、位置较为分散，出于网络覆盖和带宽资源费用的考虑，其他系统往往选择本地存储方式来节省建设经费。本方案将支持前端设备24小时不间断地录像，保证所有历史事件都有记录可查，中心可以通过网络查询辖属内的各个监控点的录像视频并进行点播查看，在节省了中心到监控点的带宽资源的同时，又实现了事件录像事后查证。

（4）通过综合监控、全面集成，实现管理控制一体化

多个平台分别部署和管理时，人力和建设费用较高，且操作形式多样，相互之间没有关联。本系统可将门禁、报警、环境数据采集、车辆识别系统、人员考勤及人员信息管理都集成到管理软件中，充分发挥安防监控系统的应用价值。

2.建设方案

系统总体架构如图8-7所示。

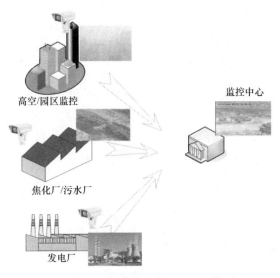

图8-7 视频监控系统整体架构

系统以监控中心为主控中心，各个污染源通过网络互联。系统拓扑结构如图8-8所示。

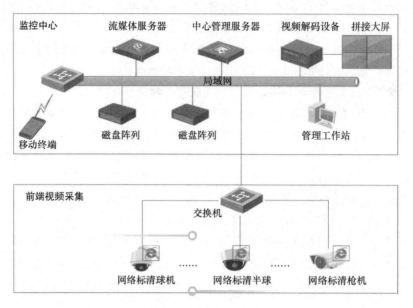

图8-8 系统拓扑结构

3. 功能分析

（1）实时监控

实时、全天候、全方位监控排污企业的情况，并且可以进行实时、直观、清晰地监视，同时支持多台监控工作站及多个监测支队的工作人员同时查看任意点位的视频图像。

（2）在线监测

该功能结合在线监测前端设备的相关反馈信息，通过远程设备进行反馈，控制中心可获得实时的监控数据并与实时视频监控数据相结合，即可实时了解到污染源的空气质量、水质、排污量等各项数据，并可以以图表的方式进行多样化报警，更可远程控制是否允许企业进行排污。

（3）录像管理

监测支队相关工作人员可以远程设置前端系统的录像规则，实现手动录像、计划录像、告警触发录像、移动侦测录像等录像方式；监控系统除了具有实时监视和报警功能外，还可实现事发后有据可查，因此，录像连续流畅、多功能播放也是平台的一个很重要的功能。

（4）远程控制

用户可以对视频监控设备和环境监测设备进行控制，控制范围包括：摄像机（包括云台、镜头等）、灯光等；可以对摄像机进行视角、方位、焦距、光圈、景深的调整，还可以控制摄像机的雨刷、加热器等辅助设备，支持用鼠标拖曳的方式控制摄像机的监控方位、视角，实现快速拉近、推远、定焦被监控对象；此外，系统特有的三维定位功能，用户在实时监测时可以通过框选的方式，迅速将局部区域放大，方便地定位到重点关注区域。云台控制操作有不同的优先级，高优先级的用户可以抢占低优先级用户的操作。

（5）系统报警

系统与在线监测平台进行融合，通过提取在线监测数据，分析、报警数据，多污染源厂同时发生多点报警时，按报警级别高低优先和时间优先的原则进行操作，确保报警信息不丢失和误报；所有报警信息及确认信息（包括确认时间、确认节点、确认用户等）自动保存，可实现历史查询、显示、打印和输出功能。报警管理包括报警预案的设置和报警联动的设置。用户设置报警预案，当视频或报警通道产生报警信息时，自动联动其他视频或联动声光等报警输出，也可以将报警联动上墙显示。

（6）监视屏控制

系统提供接入大屏的功能，接入大屏的视频可选择任意的视频资源。

（7）电子地图

用户可以在地图上直接对视频、报警等设备进行管理；为了便于后期自行维护，系统提供增加、修改和删除电子地图的图层，并可进行切换，具有超级链接功能；可以对地图进行放大、缩小和漫游；可以在地图上进行图标闪烁、弹出视频窗口等操作。

（8）视频和监测数据叠加

整合各类不同来源的环保检测数据，如pH值、二氧化碳含量、二氧化硫含量等，在相应的视频图像上进行叠加，既可以看到污染源企业的废气、废水的排放图像，又能显示相关的检测数据，具有直观、方便的特点。

（9）手机监控

手机监控软件由客户端程序和服务器端程序两部分组成，用户可通过

客户端软件进行实时视频浏览、云台控制等操作。用户还可以实时查询在线监测的数据和排污企业信息。

（10）语音对讲

通过前端设备，实现客户端与前端设备或视频通道进行语音对讲及广播功能。

（11）报表管理

根据采集的数据自动生成相关报表。

（12）权限管理

用户权限配置分为用户、部门、角色三部分，不同用户可以设置所属部门和隶属角色，执行相关操作时根据优先级为优先级高的用户提供优先使用权利，用户权限可以在线进行授权、转移和取消；权限配置可以针对功能进行授权，比如有没有控制云台摄像机的权限；也支持针对数据的授权，比如有没有回放录像文件的权限。

（13）安全管理

系统所有重要操作，如登录、控制、退出等，均应有操作记录，系统可查询和统计操作记录，所有操作记录具有不可删除和不可更改性；系统保存的所有重要数据，包括用户信息、报警信息、操作记录、日志等，应具有不可删除和不可更改性。

（14）系统管理

系统管理主要为管理人员提供系统维护的功能，包括日志管理、监控节点状态监视、配置管理、前端系统的OSD显示位置、字体和大小及颜色以及用户管理、用户权限设置。

4. 实施方案

根据项目情况，建议项目实施按照以下方案进行。

第一阶段：建设监控中心显示大屏系统及后端存储系统，包括大屏显示系统、存储系统、管理平台及相关配套设施。

第二阶段：建设前端厂区监控点×个。

第三阶段：建立在线监测系统，同时整合国家在线监测系统，实现自动报警。

第9章

环境监察移动执法系统建设

　　环境监察移动执法是为促进环境执法更加规范、客观、快捷，采用现代化通信手段、数据库及计算机网络安全等技术，以局域办公网、业务专网、无线通信网等为依托，以移动终端设备为载体，实现现场环境执法信息的动态采集、相关标准和记录查询、决策辅助等综合应用的现代化执法方式。

　　移动执法系统建设是"环境监督管理全覆盖责任体系"的数字化，是全覆盖体系的信息化保障。移动执法系统的建设，可实现环保执法任务分配、执行、处置、监管的全过程数字化，将环境监督管理工作的空间全覆盖、工作全覆盖、任务全覆盖、责任全覆盖落到实处。

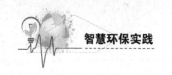

9.1 环境监察移动执法系统的建设内容

环境监察移动执法平台是监察机构为实现机动、灵活、快捷的现场执法目标，采用现代化的无线通信、数据库及计算机网络安全等技术，以局域办公网、业务专网为依托，以移动终端设备为载体，实现现场环境执法信息的动态采集和综合应用的一种现代化执法方式。其主要建设内容有以下几点。

9.1.1 移动执法终端 PDA 系统

基于PDA客户端开发的移动执法系统，执法人员能够随时随地查询任务信息、历史执法信息、在线监控数据、监控视频、法律法规等各类信息，同时PDA系统能够将现场执法的相关信息上传到数据库中。另外，PDA客户端系统能够提供地图浏览、路线导航、定位报到等空间位置信息的相关功能。

9.1.2 移动执法工具箱系统

系统硬件部分是一套便捷式的现场执法工具组合，在一个工具箱内，系统部署笔记本电脑、便携式打印机、数码摄像机、3G无线上网卡、扫描棒、录音笔等设备。同时为方便执法人员随身携带，还有定制的移动执法专用工具箱，做到开箱即用，无需接线连接。执法工具箱能够通过无线网络访问业务执法系统行使相关的执法流程和数据的上传等功能，除此之外，本系统还可以现场完成文书打印、扫描、取证资料上传同步等工作。

9.1.3 车载移动视频监控和传输系统

移动执法车具有快捷、设备齐全、传输高效等优势，在完成移动执法业务的基础上，同时满足发生突发事件时能在第一时间赶赴现场采集相关信息，充当临时指挥中心的作用，还具备现场指挥调度、车载视频监控、视频会议、数据采集照明等功能。

9.1.4 移动执法系统支撑平台

1. 数据交换与共享平台

以实现环境监察执法整体信息整合为目标，利用成熟的中间件技术，建设独立的数据交换整合系统，将大量基于各自业务流程的异构数据进行数据格式转换，交换到中心数据库中进行统一管理，实现现场执法系统与环境自动监控系统、12369系统、行政处罚系统、排污申报系统等环境监察业务系统的数据整合，并可与环境监测、应急处置、项目审批等其他环保信息系统快速整合，实现数据信息的统一管理。

2. 环境监察业务管理平台

建立面向国家、省、市和环境监察移动执法队终端的管理平台，实现环境执法四级标准和流程的统一集成管理，满足对执法任务的分配、监督、评价、执法终端设备管理等日常办公需要。

3. 环境监察业务应用分析平台

环境监察业务分析平台为国家、省、地市提供基于移动执法与环境监测的综合分析服务，平台以环境数据库和现场执行数据为基础，以辅助决策为目的，为领导决策提供有利的支撑。

9.2 环境监察移动执法系统的建设原则

环境监察移动执法系统建设应遵循如图9-1所示的原则。

9.3 环境监察移动执法系统建设的需求分析

环境监察移动执法系统建设的前期工作主要是进行需求分析，需求分析主要

从图9-2所示的6个方面展开。

1 机动性、灵活性原则

移动执法系统建设应该满足执法监察机构对现场执法机动、灵活快捷的目标，在发生突发事件时，能够快速、第一时间赶赴现场，采集第一手资料，为辅助决策提供技术支撑

2 实用性原则

信息系统建设要以实用为前提，真正实用的信息系统一定不是现有手工管理的完全的仿真系统，实际应用的系统是将进行电脑管理后手工操作的不合理性在一定范围的重组，从而将信息系统建成真正实用的提高工作效率的工具

3 可扩展性原则

信息系统的可扩展、灵活、易操作、高可靠是十分必要的。系统中的信息，除了为普通用户办事之外，还必须为领导的决策做出支持。另外，系统是建立在成功的信息收集的体制上的。因而，以信息为核心，以信息的应用为方向，构建可扩展的系统环境是信息系统建设的基础

4 统筹规划、统一标准、统一规范

环境信息化建设必须坚持统筹规划、有序发展的原则，克服无序、无规划的盲目发展，以及无标准、低水平的重复建设，在规划的基础上，统一标准与规范，加强标准化和规范化建设

图9-1　环境监察移动执法系统的建设原则

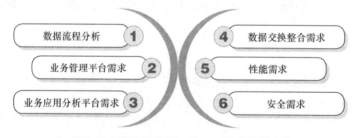

图9-2　建设的前期工作——需求分析内容

9.3.1　数据流程分析

数据流程分析的内容见表9-1。

表9-1 数据流程分析的内容

序号	业务阶段	内容
1	数据采集阶段	通过多种途径采集数据： ① 执法大队督查人员在规定的若干单元网格内巡视，发现环境问题后通过移动执法终端系统上报位置、图片、表单、录音、环境描述等信息； ② 对于领导交办的任务以及社会公众举报的环保问题，各地区环保监督中心进行登记，监督中心通知本区执法大队监督员去现场核实
2	问题核实立案阶段	① 对于由上级监督中心转来的社会公众上报的问题，监督中心通知本省、市执法监督员现场核实；对于不属实的信息和不符合立案条件的信息注销；属实的信息立案； ② 对于本省市环境执法监督员直接上报的问题，监督中心在立案后根据问题的性质，将该问题转发至相应的市级执法监察大队去执法核实
3	任务派遣阶段	执法任务的派遣可以通过基于工作流技术的信息系统完成，也可以通过纸质文件、电话、传真等传统方式派工
4	处理反馈阶段	各级环境执法部门，根据部门自身情况，可以选择通过环境监察业务管理和分析平台处理结果的网上反馈，或者以纸质文件、电话、传真等传统方式回复给各级监督中心，最终汇集到部级监督中心
5	核查结案阶段	执法监督大队在接到反馈来的已处理完成的消息后，指派执法人员到现场核查，如果确实已处理并达到标准要求则该任务结案。如果没有处理完成则由指挥中心继续协调解决。同时，部级和省级环境监察执法人员也可根据环境问题的严重性再对任务监察派遣审核和案件处理
6	综合评价阶段	综合评价体系由市、区两级监督中心组织对监督员、各级专业管理部门工作人员的内评价和由公众、社会媒体和上级政府构成的外评价组成

9.3.2 业务管理平台需求

建立业务管理平台的目的是面向执法大队、执法中队业务管理人员的环境监察后台业务管理平台，实现环境执法相关数据和流程的统一集成管理，满足对执法任务的分配、监督、评价、执法终端设备管理等日常办公需要。

9.3.3 业务应用分析平台需求

环境监察业务分析平台以环境数据库和现场实时采集数据为基础，以辅助决

策为目的，为领导决策提供有利的支撑，该平台主要包括GPS定位、轨迹回放，蔓延模拟分析、移动视频管理等模块。

9.3.4 数据交换整合需求

以实现环境监察执法整体信息整合为目标，利用成熟的中间件技术，建设独立的数据交换整合系统，将大量基于各自业务流程的异构数据通过数据格式转换，再交换到中心数据库中统一管理，实现现场执法系统与污染源自动监控系统、12369系统、行政处罚系统、排污申报系统等环境监察业务系统的数据整合，并预留与环境监测、应急处置、项目审批等其他环保信息系统的数据接口，实现数据信息的统一管理。

9.3.5 性能需求

移动执法平台的性能需求分数据存储能力、并发用户数、系统响应时间3个方面的需求，如图9-3所示。

数据存储能力需求
执法系统需要处理的数据有数值型数据、文本型数据与图形图像信息3类。在这3类数据中，图形图像信息要求系统具有很强的存储和处理能力。随着移动执法系统的推广应用，每日各类执法文书扫描件、视频录音取证资料的数据量越来越大。因此，对本平台的数据存储与处理能力将影响系统的整体性能。为确保系统稳定持续的运行，在设计系统时，要优先考虑数据处理的高效性

并发用户数需求
执法系统的访问用户主要是现场执法人员、各业务部门的领导等，初步估计每个试点地市系统用户120个，在峰值时平台能够支持系统用户的一半以上在线数据库查询访问能力，即至少支持60个用户的并发访问能力。由于GIS等图形可视化查询过程需要调用大量空间数据，为了保证本系统的性能，本项目对GIS查询和空间处理服务支持不超过20个用户的并发访问能力

系统响应时间需求
在分析数据量、并发用户数的条件下，确定环境监察移动系统对数据处理的要求，如：一般数据查询响应时间小于2秒，简单汇总处理时间小于5秒；GIS查询响应应时间小于3秒，平均查询时间小于5秒

图9-3 性能需求的3个方面

执法系统需要充分考虑用户量、数据量在通信性能上的需求，具体表现在以下3个方面：

（1）满足本系统内大数据量图形、图像信息传输、交换的需求；

（2）满足网络传输可靠性的要求；

（3）满足图形数据传输速度，以保证系统的运行性能。

9.3.6 安全需求

（1）系统要能够识别当前进行操作的用户身份，其用户名和密码要能够和综合信息平台同步。

（2）核心系统及业务数据加密。考虑到政府信息保密性的要求，要对核心的业务及数据加密，使其不能通过其他的软件或者在未对身份认证的情况下获取到系统的数据。

（3）要能够将用户的数字签名、常用审阅用语等信息同步到客户端。

（4）当已安装移动执法子系统的移动电脑（以下简称客户端）与行政权力系统通过网络连接时，有关用户信息应自动从数据服务器更新。

9.4 环境监察执法系统的总体设计规划

9.4.1 系统技术特色

1. 环境监察"一张图"管理模式

实现环保监察"一张图"模式管理，通过与环境监测、环境资源计划、审批、开发、执法等行政监管系统的结合，共同构建统一的综合应用分析平台，实现环境监察的"天上看、网上管、地上查"，一张图的实现主要是将各种信息有机地综合到统一的地图上，并提供信息的交互查询和相应的空间分析，为领导决策提供辅助支持。

2. 实现国家、省、市、环境监察队4级垂直管理

通过移动执法系统建设，实现国家、省、市、环境监察队4级的垂直管理，

有利于环保监察规范化管理，减少执法过程中瞒案不报、压案不办的漏洞，提升环保监测、执法效能。

3. 多类型现场移动执法终端

系统支持手持移动执法终端、执法箱、移动执法车载系统，为不同类型移动执法需求提供支撑，具体功能包括自动监测站信息、任务导航、现场执法文书处理、环保执法手册查询等，后台通过SOA面向服务的架构体系提供一致的数据访问服务。

4. 客户端在线离线都好用

现场移动执法客户端在网络通畅的情况下，与中心系统实时交互，如果网络不正常，则自动将数据暂存在终端上，不影响现场执法任务处理，待网络恢复后自动与中心进行数据同步，保持数据的一致性。

9.4.2　设计原则

设计环境监察执法系统时要遵循如图9-4所示的八大原则。

图9-4　环境监察执法系统的设计原则

1. 安全性原则

安全性原则是指系统建设应采用严格的安全保密措施，如数据库、文件和用户等多级安全机制、数据的存储、灾难恢复等。明确各级工作人员的职责，保证各司其职、各负其责，并且严格各种权限管理，防止信息泄露或被随意更改。在考虑系统的设计时选用高可靠性的产品和技术，充分考虑现有业务的实际情况和系统可能出现的情况，提高整个系统的应变能力和容错能力，确保整个系统的安全和可靠。系统软件要具有较强的容错能力，使整个软件系统不易崩溃和受破坏，并具有良好的恢复能力。

2. 开放性原则

开放性原则是指系统采用开放的软件平台和体系结构，提供数据层与应用层的接口，以实现与其他系统的交互。

3. 可扩展性原则

可扩展性原则是指系统的建设应充分考虑环保行业是日新月异的变化，数据积累、用户需求、功能完善，以及技术进步都要求系统必须具有扩展的余地。因此，系统在设计时要确保具有充裕的服务能力，保障用户享有充分的服务，并为业务发展提供足够的系统容量。根据系统的总体建设目标和业务需求，坚持开放性、标准化原则，既考虑现有的条件和需要，又兼顾未来技术的发展，使系统有较强的扩展性。

4. 系统先进性原则

系统先进性原则是指以先进成熟的计算机系统技术为手段组建系统，遵循目前国际和国家的相关标准或规范。

5. 经济、实用性原则

经济、实用性原则是指在系统的建设中，要立足于实际情况，充分考虑到目前各种业务实际的需求，切实实现功能和性能方面的要求，并要切实结合目前现有设备情况，尽可能充分利用现有资源，节约投资。

6. 系统稳定性与可靠性原则

系统稳定性与可靠性原则是指在系统建设时应充分考虑系统的可靠性，在设计时采用一些成熟可靠的技术，同时采用多级保护方式和数据保护功能，使系统具有比较好的容错性。另外，通过建立备份系统和灾难恢复机制等一系列措施，保证系统的正常运行。

7. 连续性与实时性原则

连续性与实时性原则即要确保系统在建设过程中不会中断，是用户使用时的连续性，运行服务的连续性，保障监控系统的稳定。

环保执法业务在办理过程中要求实时性高，响应速度快，因此该系统在建设时要保障系统的实时性。

8. 标准化原则

标准化原则是指在系统平台选型时，应符合国际信息化建设标准及工业标准，将系统的硬件环境、软件环境相互间依赖降至最低，使其各自发挥自身的优势。

9.4.3 系统总体架构设计

环境监察执法系统的总体架构设计应在环境信息总体规划的指导下，以环境监察执法应用架构、业务架构和数据架构的需求为基础，结合当前主流和先进的技术方法和手段构建。系统总体架构如图9-5所示。

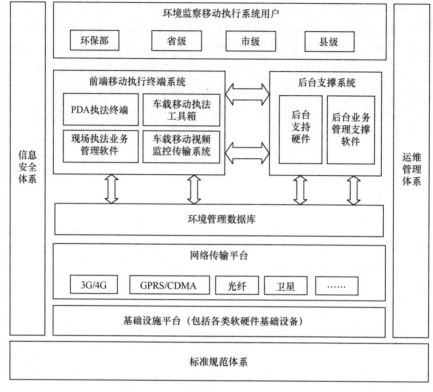

图9-5 环境监察执法系统总体架构

在环境监察移动执行系统总体架构中，至少包括一个数据库、两个平台、两个系统、3个体系和4类用户。

1. 一个数据库

"一个数据库"是指环境管理数据库，为环境监察前端移动执法终端系统及后台支撑系统提供数据保障。

2. 两个平台

"两个平台"分别是网络传输平台和基础设施平台：网络传输平台主要实现各个硬件设备间的互联互通，保障环境监察业务数据顺利传输；基础设施平台主要包括后台支撑相关的硬件以及软件平台。

3. 两个系统

"两个系统"分别是前端移动执法终端系统和后台支撑系统，如图9-6所示。

4. 3个体系

"3个体系"分别是标准规范体系、信息安全体系和运维管理体系，如图9-7所示。

前端移动执法终端系统	后台支撑系统
这是现场工作平台，通过与后台支撑系统的互联互通，访问环境管理数据库中的各类信息，并将现场执法结果信息提交至后台支撑系统	该系统为终端系统、执法人员、管理人员提供后台支撑和管理平台，方便对污染源一厂一档信息管理和查询、其他各类信息管理及查询、执法后续管理、考核统计等

图9-6 两个系统

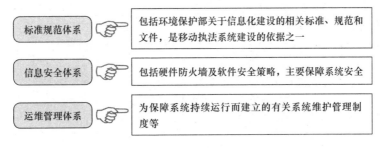

标准规范体系	包括环境保护部关于信息化建设的相关标准、规范和文件，是移动执法系统建设的依据之一
信息安全体系	包括硬件防火墙及软件安全策略，主要保障系统安全
运维管理体系	为保障系统持续运行而建立的有关系统维护管理制度等

图9-7 3个体系

5. 4类用户

"4类用户"是指移动执法系统可以为国家级、省级、市级及区县级4类用户使用。

系统的建设应遵从标准规范体系，依托信息安全体系和运维管理体系，利用网络传输平台进行环境管理数据的传输。前端移动执法终端系统提供各种现场执法所需功能供各级环境监察执法人员现场使用，后台支撑系统则为前端移动执法终端系统、执法人员、管理人员等提供后台管理支撑。环境管理数据库则存储管理各类环境管理数据。

9.4.4 系统功能结构设计

1. 总体功能结构

移动执法系统分为移动执法终端系统和后台支持系统平台。手持终端执法系统采用了基于SOA架构的Web Service技术开发。采用SOA规范架构，可以满足日益增长的执法业务需求，使需增加的模块以及各类正在使用中的环保应用软件能更灵活方便地集成。通过Web Service技术，使用者能方便地通过终端远程调取所

需的信息并把现场信息传送回服务器端保存。此外，移动执法终端系统应用于先进的网络通信平台（3G无线通信平台），运用移动专网技术，保证现场执法信息的快速传递和取证的及时、准确、安全和公正，如图9-8所示。

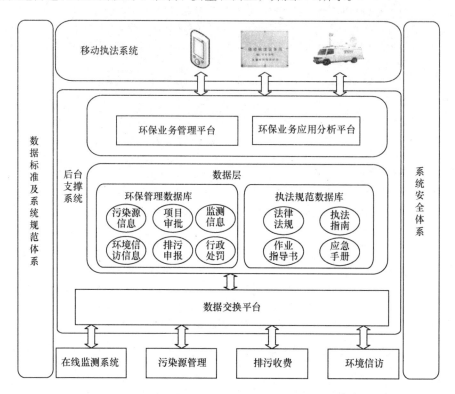

图9-8 移动执法系统功能结构

2. 移动执法平台功能结构

移动执法平台功能结构如图9-9所示。

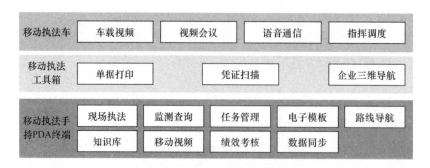

图9-9 移动执法平台功能结构

9.4.5 系统应用逻辑图

环境监察执法系统整体分为国家、省、市、环境监察队4级进行功能部署，具体如图9-10所示。

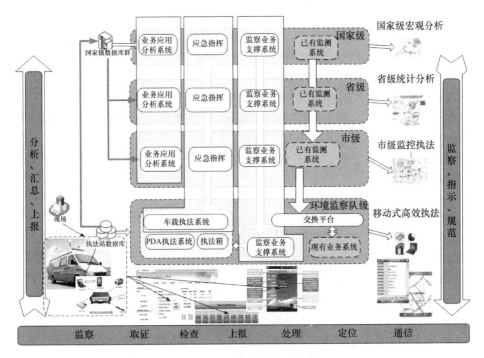

图9-10 环境监察执法系统

环境监察执法系统的4级部署说明见表9-2。

表9-2 环境监察执法系统的4级部署

序号	级别	说明
1	环境监察队级	环境监察队主要部署监察执法车载系统、监察执法工具箱系统和监察执法PDA系统，用来进行现场检查、执法、上报、定位、通信等具体工作，最终将现场移动执法数据汇集到国家级，移动执法终端可以通过3G、Wi-Fi、通信卫星等方式查询上级部门网站公布相关信息，通过数据交换平台查询上级业务相关信息等内容，发生突发事件时，可将现场实时采集的信息上传给上级部门，同时可以接收上级应急指示，同时通过业务支撑系统可以随时接收上级部门法律法规等更新的相关数据

（续表）

序号	级别	说明
2	市级	主要部署业务应用分析系统、监察业务支撑系统，通过该系统可以实现国家、省、市3级互联，市级用户结合本市相关数据以及调用国家级数据资源，进行本市范围的环境监察应用分析，同时，当发生突发事件时，可以随时查看移动执法车现场传回的数字资源进行应急指挥决策
3	省级	主要部署业务应用分析系统、监察业务支撑系统，通过该系统可以实现国家、省、市3级互联，省级用户可结合本省现有数据资源以及调用国家级数据资源，进行本省范围的环境监察应用分析，同时，当发生突发事件时，可以随时查看移动执法车现场传回的数字资源进行应急指挥决策指挥
4	国家级	主要部署业务应用分析系统收集汇总来自执法终端采集的数据资源，结合已有数字资源进行数据挖掘分析，并提供统一的查询调用接口，为省级、市级提供数据资源服务

9.5　系统网络拓扑

环境监察执法系统网络拓扑如图9-11所示。

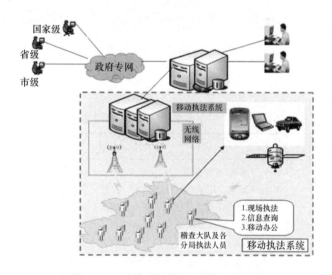

图9-11　环境监察执法系统网络拓扑

9.6 移动执法手持终端系统

监察执法PDA系统主要部署在环境监察执法大队，用来进行现场检查、执法、上报、定位、通信等具体工作；同时，移动执法终端可以通过3G、Wi-Fi、通信卫星等方式与上级部门进行数据交换、申请上报、信息查询等内容的信息交互。

9.6.1 移动执法手持终端系统流程

移动执法手持终端系统流程如图9-12所示。

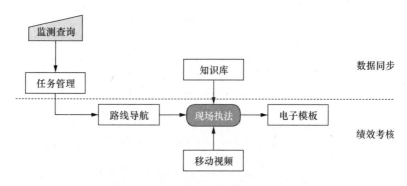

图9-12 移动执法手持终端系统流程

9.6.2 移动执法手持终端系统功能说明

移动执法客户端系统主要由任务管理、信息查询、现场执法、地图导航、知识库、绩效考核、数据同步、系统管理等模块组成。

1. 任务管理
任务管理模块分为4个子功能，如图9-13所示。

	任务分派	通过环保执法任务的生成控制器，分析每天的污染源数据，自动产生常规任务，并将常规任务通过消息分发，下发到责任人的客户端程序，并实时监控责任人上报的数据，进行任务核销
	任务接收	接收执法任务，包括在线报警、12369热线等任务，并下发到指定责任人，实时监控责任人上报的数据，进行任务核销，并产生答复消息，由消息分发模块将信息通知到任务发起来源
	任务查询	执法人员可查看系统派送的执法任务，随时了解需要处理的任务情况，并可以查询以往的工作日志。按任务大类、小类分层显示该用户所有未完成的工作任务，同时列出每类任务的总数和任务报警数
	签署批示	领导对已完成或未完成的任务签署意见及批示

图9-13　任务管理功能

2. 监测查询

监测查询模块的内容见表9-3。

表9-3　监测查询模块的内容

序号	查询信息	说明
1	污染源信息查询	① 提供多种查询方式：提供按照污染源名称、行政区、流域、行业、企业规模、关注程度等相关字段查询污染企业，从而使执法人员能快速检索到企业； ② 多类数据查看：提供污染源的各项详细信息，包括排污申报、排污收费、污染源监测、行政处罚、信访投诉、现场检查记录、限期整改、限期治理等信息； ③ GIS电子地图：提供基于电子地图的污染源分布、污染源定位、搜索等功能，使执法人员能快速直观地确定污染源的位置
2	企业可视化信息查询	① 实现重点污染企业的三维仿真建模、全景视频影像等可视化信息查询。包括企业厂区三维模型，污水排放节点，雨水、污水管网走向，工艺节点，排放口位置，污染治理设施处理流程图等； ② 在企业模型中，可直接查看监控视频，自动监控数据、工艺节点、管网图等
3	在线监控查询	① 提供多种查询条件，方便快速地查询到污染企业在线监控各项数据以及数据曲线，视频监控画面和在线监控污染源统计功能，实现在线监控数据超标的实时提醒； ② 执法人员可实时查看选定时间段内的污染源在线监测数据，并可以曲线图的形式直观显示，在现场可掌握在线监测设备的运行情况；

（续表）

序号	查询信息	说明
3	在线监控查询	③ 执法人员可以查看在线监测企业在某个时间段内的总排放量、日均排放量。通过日均排放量与排污许可证允许的日排放量比较，可以查看企业排放量是否超标。系统中将超标企业用红色标识醒目显示出来
4	重点源监控视频	接入重点源视频监控系统，执法人员可随时了解污染源的现场情况

3. 路线导航

路线导航模块包括两个方面，如图9-14所示。

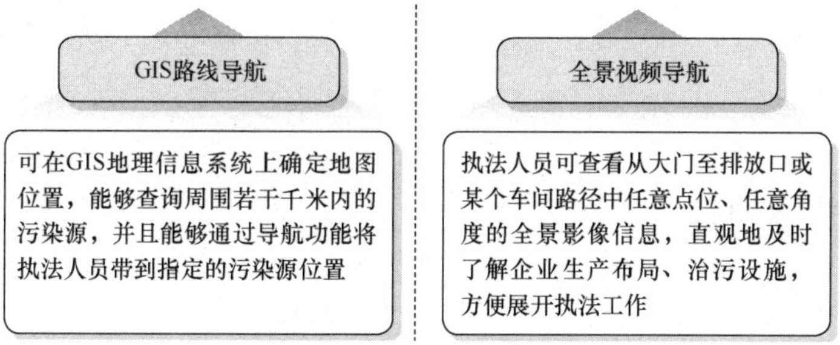

GIS路线导航	全景视频导航
可在GIS地理信息系统上确定地图位置，能够查询周围若干千米内的污染源，并且能够通过导航功能将执法人员带到指定的污染源位置	执法人员可查看从大门至排放口或某个车间路径中任意点位、任意角度的全景影像信息，直观地及时了解企业生产布局、治污设施，方便展开执法工作

图9-14 路线导航功能

4. 知识库

知识库模块为手持执法设备提供丰富的信息查询功能，包括企业档案、环保法律法规、应急危化品的处置方法、相关制度和文件、污染物种类及分析方法、排放标准、环境监察业务指南等。可离线浏览在执法过程中需要查看的各种资料，方便执法。

5. 绩效考核

绩效考核模块在客户端为责任人提供查看自己考核结果和考核标准的功能；统计分析执法人员每月监察污染源数量、每月执行任务数量、执行任务类型比重等数据，为领导提供查看责任人考核结果和考核标准，也可以供领导每月签署考核意见。

6. 数据同步

数据同步模块是指完成服务器和客户端数据传输同步，系统具备自动数据更新功能，将现场执法过程中暂存在本地的资料上传到服务器，同时将服务器上已更新的基础数据下载到客户端；系统具备自动版本检测和自动升级功能。

7. 系统管理

系统管理模块能够修改终端的密码，并对系统进行必要的配置，完成后台服务器和客户端数据传输同步、自动数据更新功能，具备自动版本检测和自动升级功能。

9.7 移动执法工具箱系统

执法工具箱是集笔记本电脑、数码摄像机、3G上网卡、便携式打印机、扫描棒、录音笔为一体的有机整体。执法工具箱除具备PDA的相关功能外，还可以在执法现场完成文书打印、扫描、取证资料上传同步等工作。

9.7.1 系统组成

1. 硬件组成

系统硬件部分是一套便捷式的现场执法工具组合，在一个工具箱内，可放置笔记本电脑、蓝牙打印机、数码摄像机、扫描棒、录音笔、PDA等设备。为方便执法人员随身携带，特别定制了移动执法专用工具箱，其最大特点是开箱即用，无需接线连接。

执法箱内的硬件设备说明见表9-4。

表9-4 执法箱内的硬件设备

序号	设备名	说明
1	笔记本电脑	安装移动执法客户端后，用于现场执法任务处理，包括任务查询、企业导航、询问笔录录入、上传音频视频资料等。笔记本电脑可外接不同型号的蓝牙打印机、扫描棒等设备。客户端支持在网络不正常时将数据暂存在终端，待网络恢复后自动与中心进行数据同步，保持数据的一致性
2	3G无线上网卡	3G上网卡主要用于笔记本电脑无线上线，使其保持与中心系统的实时交互，便于执法人员随时查看任务、上报执法情况
3	数码摄像机	主要用于现场取证时的拍照、录像
4	录音笔	主要用于现场录音取证、执法询问录音等
5	便携打印机	主要用于现场打印各类执法文书或通知书
6	扫描棒	用于保存询问笔录等经执法对象签字确认的文书原件

2. 软件组成

移动执法工具箱除具备PDA终端功能以外，还具备重点监察单位内部三维导航，以及现场执法文书打印、扫描回传功能。

9.7.2 系统流程

移动执法工具箱系统流程与手持移动执法系统流程基本相同。在现场取证阶段，执法工具箱具有比手持终端更为强大的功能，可以现场打印，并将用户签字后的文书扫描传回，实现现场用户取证，如图9-15所示。

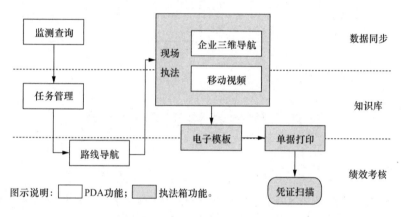

图示说明：☐ PDA功能；▨ 执法箱功能。

图9-15 移动执法工具箱系统流程

9.7.3 移动执法工具箱系统功能描述

移动执法工具箱系统功能说明见表9-5。

表9-5 移动执法工具箱系统功能

序号	功能	说明
1	任务管理	同手持移动执法系统
2	监测查询	同手持移动执法系统
3	地图导航	同手持移动执法系统
4	现场执法	同手持移动执法系统
5	知识库	同手持移动执法系统

（续表）

序号	功能	说明
6	数据同步	同手持移动执法系统
7	企业可视化显示	同手持移动执法系统
8	执法手册管理	实现环保执法手册的查询，包括环保法律法规、应急危化品的处置方法、相关制度和文件、污染物种类及分析方法、排放标准、环境监察业务指南等。可提供在执法过程中需要查看的各种资料离线浏览，方便执法
9	文书打印	同手持移动执法系统
10	凭证扫描	同手持移动执法系统
11	系统管理	同手持移动执法系统

9.8　移动执法车车载系统

执法人员通过使用环境执法车，可在短时间内在事发现场建立指挥中心。执法车不仅是一个现场的指挥中心，还是一个计算机网络中心、通信中心、监控中心、信息发布中心，是各类信息的综合应用点。现场执法车的建设目标是：作为大型移动应急平台，当发生突发应急事件时，执法车可迅速开到突发事件现场附近，领导和专家在指挥车内可以通过应急平台信息系统与上级指挥中心进行信息交互，可以与上级指挥中心进行视频会商，可以实时监控现场图像并上传，可以使用多种通信方式与上级和现场进行通信，查询、调度、指挥相关人员和各种救援资源，进行全方位、高效、有序的指挥和调度。

9.8.1　移动执法车车载系统的组成

1. 硬件组成

执法车辆将安装各种先进的车载设备，实现车辆GPS定位、轨迹回放、移动视频等功能。主要安装设备如图9-16所示。

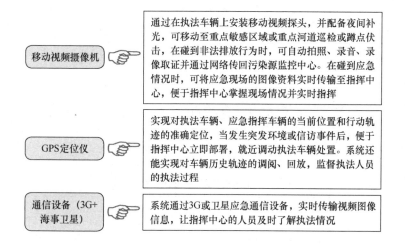

图9-16 执法车辆的主要安装设备

2. 软件组成

移动执法车终端系统除了具有移动执法PDA和移动执法工具箱终端功能外，移动执法车具有更强大的功能，如调度指挥、车载视频监控、语音调度通信和视频会议功能。

9.8.2 移动执法车车载系统的流程

移动执法车车载系统的流程如图9-17所示。

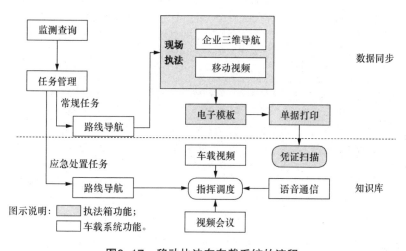

图9-17 移动执法车车载系统的流程

移动执法车车载系统的流程与手持移动执法系统的流程基本相同。在现场取证阶段，执法车具有比手持终端和执法工具箱更强大的功能，可以在现场实时回传视频。

9.8.3 移动执法车车载系统的功能

移动执法车车载系统的功能说明见表9-6。

表9-6 移动执法车车载系统的功能

序号	功能	说明
1	任务管理	同手持移动执法系统
2	监测查询	同手持移动执法系统
3	地图导航	同手持移动执法系统
4	现场执法	同手持移动执法系统
5	知识库	同手持移动执法系统
6	数据同步	同手持移动执法系统
7	企业可视化显示	同手持移动执法系统
8	文书打印	同手持移动执法系统
9	凭证扫描	同手持移动执法系统
10	分布式调度指挥	执法车与地面指挥中心分别配备独立的调度系统，现场执法车中的设备可以实时将现场数据上传至指挥中心服务器，作为二级调度系统或视频会议系统的分会场。在卫星链路有压力的情况下，现场应急指挥车调度系统自成体系，可以完全独立指挥调度现场，可通过现场应急指挥车的视频服务器召开局部视频会议，录像和保存本地视频信息，在很大程度上可减少卫星链路的压力。二级分布式调度系统可协同工作，互为备份，分担压力，是指挥车系统的优势所在
11	车载视频监控	车载视频终端可将现场采集的图像实时上传至指挥中心，指挥车能够接收其他手持终端上传的信息，并通过视频服务器分屏显示在监控台上
12	语音调度通信	指挥车通过卫星链路可以和指挥中心及手持设备建立双向语音通话，通过网关设备，指挥车可以随时接收指挥中心发起的单呼、会议和广播等语音调度指令
13	应急多媒体会议	指挥车、指挥中心以及其他任何装备多媒体交互终端的地方可召开集视频、语音、数据为一体的多媒体交互会议，系统允许用户通过手机和固话发起会议，这样可以让指挥人员现场指挥，不需要在调度台前等待情况汇报上来再做出决策
14	系统管理	同手持移动执法系统

9.9 移动执法系统支撑平台

9.9.1 环保监察移动业务管理平台

生态环境监察机构应建立面向执法监察队业务管理人员的环境监察后台管理平台，实现环境执法相关数据和流程的统一集成管理，满足对执法任务的分配、监督、评价及执法终端设备管理等日常办公需要。

通过该平台，执法人员可以快速搭建、维护环境执法业务，定制业务工作流程，设置组织机构，并能够方便快捷地完成工作表单内容样式调整、业务流程修改、人员权限变动、系统数据备份等日常维护工作。该子系统可以方便地调整，使之适应用户的需要，并可以在使用中不断地变更系统配置，实现用户自维护、自发展、自适应。

1. 环保监察移动业务管理系统的流程

环保监察移动业务管理系统的流程见表9-7。

表9-7 环保监察移动业务管理系统的流程

序号	阶段	说明
1	问题发现及信息收集	该阶段是系统流程的起始阶段，按反映渠道将发现的问题分为三大类：由信息采集监督员主动巡查、发现的问题；由社会公众通过12369热线举报、网络上报；由相关领导批件转来的有关问题。这三类问题的案件受理和立案阶段的处理流程有所不同
2	案卷建立	环境监督指挥中心接线员对监督员上报的问题预立案后，由值班长审核立案的过程： ① 监督员上报的问题通过信息采集终端上报至环境监督指挥中心，由中心接线员根据上报的图片和描述，以《指挥手册》为参考进行初步审核、综合判别并处理； ② 公众举报热线反映的问题经过执法人员现场核实后，由环境监督管理中心接线员统一接收，综合判别并处理

序号	阶段	说明
3	任务派遣	① 环境监察监督指挥中心的值班长按照《指挥手册》的具体要求，分别对已登记受理问题进行综合判别后立案，对于一般性案件生成工作表单，并将工作表单派送到专业部门和监管单位。任务派遣将根据不同的问题，遵循属地原则（即按问题所在区域认定责任主体的原则）和属主原则（即按问题主管部门认定责任主体的原则）。一般情况下，建议部件问题按照属主原则派遣，事件问题按照属地原则派遣； ② 环境监察监督指挥中心还负责监督管理问题处理的进度和结果，并协调处理疑难问题、遗留问题以及复杂问题
4	任务处理及反馈	环境监察监督指挥中心根据《指挥手册》的要求负责督促和管理案件的处理过程。各专业部门负责处理环境监察监督指挥中心派遣的环境管理问题，并在问题处理完毕后，将处理结果及时地反馈到环境监察监督指挥中心
5	案件核查	环境监察监督指挥中心在接到专业部门反馈的信息后，应及时指派问题所在网格的监督员进行现场核查。监督员在接收到核查任务后，应立即赶赴现场，根据实际的处理结果进行回复，同时对要传送的现场实际照片附加佐证说明，为值班长结案或者重新派遣提供有效依据
6	案件结案	在收到监督员转发的核查信息后，根据实际情况，环境监察监督指挥中心对于已经处置完毕的案件，由值班长结案和备案处理；对于没有处置完毕的案件，值班长将会重新指派案件
7	考核评价	根据案卷的处置情况，按照考核标准考核评价

2. 环保监察移动业务管理系统功能描述

环保监察移动业务管理系统功能模块的组成如图9-18所示。

图9-18 环保监察移动业务管理系统功能模块的组成

（1）任务管理

任务管理模块是对现场执法任务综合管理（包括生成任务单、任务分配、任务催办）、任务分派、任务接收、任务查询、签署批示等功能，见表9-8。

表9-8　任务管理功能

序号	功能	说明
1	任务综合管理	① 支持日常例行检查、河道督查、重点源现场检查、专项执法检查、建设项目督查、信访调查、后督察等多种任务类型，可根据周期性的检查计划自动生成任务单； ② 系统提供层级任务分配功能，一个检查任务可在管理层次上逐级向下分配，任务接收者可向其下级转发任务； ③ 系统提供流程跟踪功能，可查看每一个任务的当前执行状态以及已有的执法文书、证据资料等相关信息； ④ 对于逾期未完成和后督察的任务，系统具有自动催办功能，短信提醒执法人员及时办理
2	任务分派	通过环保执法任务的生成控制器，分析每天的污染源数据，自动产生常规任务，并将常规任务通过消息分发下发到责任人的客户端程序，并实时监控责任人上报的数据，进行任务核销
3	任务接收	接收执法任务，包括在线报警、12369热线等任务，并下发到指定责任人，实时监控责任人上报的数据，进行任务核销，并产生答复消息，由消息分发模块将信息通知到任务发起来源
4	任务查询	执法人员可查看系统派送的执法任务，随时了解需要处理的任务情况，并可以查询以往的工作日志。按任务大类、小类分层显示该用户所有未完成的工作任务，同时列出每类任务的总数和任务报警数
5	签署批示	领导对已完成或未完成的任务签署意见及批示

（2）任务考核

任务考核模块可实现对执法任务的总体监督监控功能，能够以各种图表、报表的方式对执法任务的执行情况、执行结果、完成情况进行查询、分析和评价。根据责任人上报的现场执法数据、执行常规任务、派发任务、紧急任务的情况进行统计和分析。

在客户端，任务考核模块应为责任人提供查看自己考核结果和考核标准的功能；统计分析执法人员每月监察污染源数量、每月执行任务数量、执行任务类型比重等数据，为领导提供查看责任人考核结果和考核标准，领导也可以每月签署考核意见。可统计某个时段内各科室的任务完成情况，以曲线图的形式直观显

示，并可显示每个科室每天完成任务的详细情况。领导可对已完成或未完成的任务签署意见及批示。

（3）网格化管理

网格化管理模块应实现对电子地图、环境功能区划图等基本图层的全面管理，并在此基础上管理每个单元网格；可汇总展示某个单元网格的污染源情况，并可查询关联环保监管责任人。既能根据网格名称查询，也可浏览地图查询。可点击地图上一个点，了解其污染源情况、所在单元网格、所在环境功能区划等信息。既能在电脑上查看，也可在执法终端查询。实现在执法终端上根据行政区查询监管责任人及其负责监管的重点企业，或根据企业名称查询监管责任人及其联系方式。

（4）移动视频管理

环境视频监控管理模块是通过对各环境视频监控现场的视频联网集成实现的，其主要功能见表9-9。

表9-9　移动视频管理功能

序号	功能	说明
1	视频监控信号的接入	集成接入各类视频信号，实现实时视频监控污染源，自动监控现场、城区空气质量、环境应急现场等
2	视频信号的显示和输出	通过监控中心的显示控制系统，将多路视频信号分别显示到多个显示单元中；或在一个显示单元中分割画面同时显示多路视频
3	视频信号的存储和回调	视频监控软件应具备自动存储视频信号的功能，可以根据存储空间设置存储周期；视频监控软件能够方便地按条件查询调阅存储的视频文件
4	远程视频控制	通过网络可以实现对视频监控现场的远程控制，例如调整云台角度、摄像机焦距的控制等
5	其他	① 图像抓图； ② 监控图像存储及回放

（5）设备管理

设备管理模块需结合环境监察执法移动资产管理的实际需求，建立一套基于先进技术架构的移动执法设备管理平台，方便维护、便于扩展，并按现代企业资产设备管理的工作模式进行结构设计，为企业提供一个规范化的计算机管理体系，从资产设备规划开始到报废结束，对资产全程实施综合管理，以便管理层能够及时全面地掌握实时的移动执法实物资产状况。设备管理功能模块如图9-19所示。

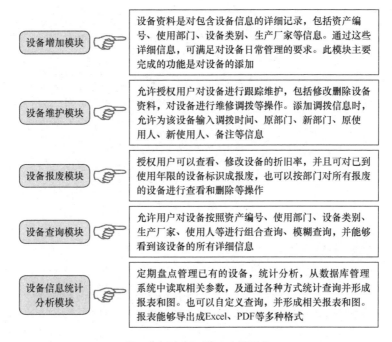

图9-19 设备管理功能模块

（6）组织机构管理

组织机构管理模块应实现对移动执法人员信息的管理，包括人员、部门、岗位等资料的管理，可以灵活配置人员的查询、统计、地图操作等权限的管理。

（7）业务工作流管理

① 工作流定义功能：应实现工作流过程、阶段及流向中对表单、地图等对应操作的配置和管理，以适应业务管理过程中工作流程、参与的专业部门、问题管理职责等方面的变化。

② 工作表单定义功能：应实现对工作表单名称、字段、样式等的编辑和管理，以适应业务过程中工作表单的变化要求。

③ 输出表单定义功能：实现输出表单名称、字段、样式等编辑的管理。

（8）日志管理

日志管理模块主要包括日志查询、统计分析、历史管理3项功能，如图9-20所示。

（9）权限管理

权限管理模块对系统的用户权限进行控制，当用户访问业务管理系统时首先要通过权限管理模块的鉴权，如图9-21所示。

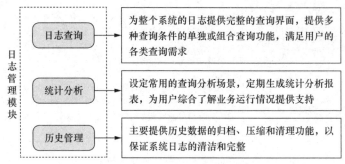

图9-20　日志管理模块

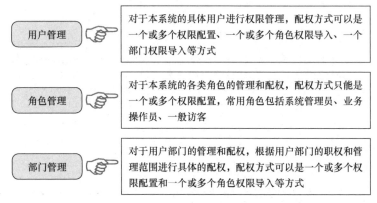

图9-21　权限管理功能模块

（10）数据维护管理模块

数据维护管理模块应实现对环保法律法规、监察指南、排放标准、危险品处置方法等信息以及电子地图的维护和发布管理，供各移动终端下载更新。

9.9.2　环境监察业务应用分析平台

建设环境监察业务应用分析平台的目的主要是为了实现环保监察"一张图"模式管理，通过与环境资源的计划、审批、开发、执法等行政监管系统叠加，共同构建统一的综合应用分析平台，实现环境监察的"天上看、网上管、地上查"。"一张图"的实现主要是将各种信息有机地综合到统一的地图上，并提供信息的交互查询和相应的空间分析，为领导决策提供辅助支持。

1.系统组成

环境监察业务应用分析平台主要部署在市、省、国家级环保单位，由以下功能模块组成,如图9-22所示。

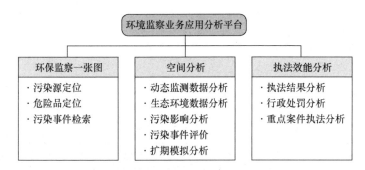

图9-22 环境监察业务应用分析平台的功能模块

2. 环境监察业务应用分析平台的流程

业务应用分析平台是连接国家、省、市3级的纽带,主要部署在国家、省、市3层:市级应用分析系统主要是以本市环境数据库为基础,根据相应权限调用国家数据库相应数据针对本市环境管理需要分析应用;省级应用分析系统主要是以本省环境数据库为基础,根据相应权限调用国家数据库相应数据针对本省环境管理需要分析应用;国家级应用分析系统主要是以国家现有环境数据库为基础,结合汇集的移动终端采集数据对全国范围内的环境管理分析应用。其流程如图9-23所示。

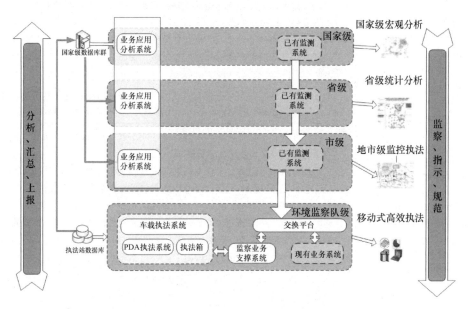

图9-23 环境监察业务应用分析平台的流程

3. 系统功能描述

（1）环境资源综合电子地图（"一张图"）

"一张图"是将遥感、环境管理数据、环境质量数据、污染源数据、应急监测数据等多源信息集合到一张地图上，使环境监察业务中的各职能部门能够在统一数据平台上动态、及时地共享数据资源，能够更好地为环境资源管理和决策服务。环境资源综合电子地图的功能模块说明见表9-10。

表9-10　环境资源综合电子地图的功能模块

序号	功能模块	说明
1	危险源信息定位	① 污染事件发生后，管理者根据回传的污染事故的位置信息，可以迅速了解事故发生地的详细信息，包括附近地域的其他有关危险源情况；对于指定的危险源，需要了解危险源的危险物品存储情况、危险品的详细资料，这些数据是管理者制定应对方案的数据基础； ② 根据所选择的条件，显示符合条件的危险源列表，通过列表中危险源的链接，显示具体危险源的详细信息，包括企业属性信息和储存的危险品详细信息，同时可通过相应危险品的链接查询到此危险品的具体详细信息； ③ 所有检索出的危险源，同时提供地图显示功能，产生查询结果后，在地图上用颜色标识已检索出的危险源点位
2	危险品定位	① 污染事件发生后，管理者需要迅速了解发生地危险品的详细信息，同时包括危险品应急处理等辅助资料；同时提供相关专项处理的专家，以提供最丰富的相关数据； ② 根据所选择的条件，显示符合条件的危险品列表，通过列表中危险品的链接，显示此危险品的详细信息，包括危险品属性信息、应急处置方法、对环境的影响状况、监测方法简介及相关环境标准。同时，系统针对每个危险品内置了相关的环境资料，有助于管理者在查询危险品的同时了解基本的处置方法、应急监测方法、环境标准等辅助信息
3	环境专家检索	① 按地区查询：选择省份或其中的城市，显示此地区范围内的所有专家列表；提供排序和条件过滤功能； ② 专家姓名查询：输入一个专家的姓名或姓名中包含的字符，同时可指定专项等其他过滤条件，则显示所有姓名包含此字符的专家列表； ③ 中文拼音首字母查询：输入一个专家姓名的每个汉字的首字母拼音，同时可指定专项等其他过滤条件，则显示所有姓名包含此字符的专家列表。同时按拼音首字母排列所有专家的姓名； ④ 按专项查询：选择指定的危险品，同时可指定地区等其他条件，显示专长于此危险品的专家列表；根据所选择的条件，显示符合条件的专家列表，通过列表中专家姓名的链接，显示专家的详细简介

（续表）

序号	功能模块	说明
4	污染事件数据检索	① 事件现场情况查询：现场详细信息，根据事件名称（编码）显示事件的详细属性信息。提供按各种项目排序及条件过滤等功能； ② 事件发展过程分析（图表）：发展过程中的污染物数据查询，过程中的污染物数字统计图表； ③ 事件处理过程纪录查询：事件处理中的相关污染数据查询，事件处理中的相关文档查询

（2）执法效能分析

执法效能分析的功能模块如图9-24所示。

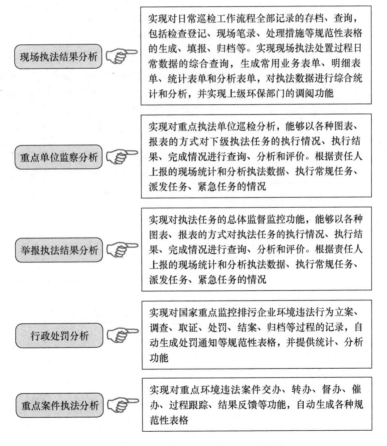

图9-24　执法效能分析的功能模块

（3）空间分析

空间分析的功能模块说明见表9-11。

表9-11　空间分析的功能模块

序号	功能模块	说明
1	动态监测数据分析	分析各种环境要素，并将各种统计分析结果以各种专题图及统计图的形式表示出来，并通过各种环境模型进行模拟及预测，将结果在一张图上直观表现出来，更好地为环境决策服务
2	污染影响范围分析	根据污染事故与基础地理数据间的关系进行缓冲区分析，用户可以直观地看到污染事故的一定影响范围
3	生态环境预警分析	以"一张图"数据资源为基础，运用GIS空间分析功能，对区域生态环境进行预警分析，包括地下水位预警分析、沙漠化预警分析、河道水流预警分析等功能
4	污染扩散模拟分析	污染扩散演进模拟涉及复杂的专业环境数学模型
5	事故评价分析	应急评估系统自动记录事件的应对过程，按照应急预案相关确定的评价指标，综合评估应急过程中各种实施措施的及时性、有效性等，评价应急能力，辅助生成报告，从而能够有效应对突发事件事前、事中、事后的分析，综合评估各级政府、各职能部门的工作成效
6	趋势分析	可以分析污染物随时间变化的趋势，从中分析污染物时空分布规律

第10章

污染源自动监控系统建设

随着社会经济的发展，环境管理显得越来越重要，现代化的环境监管手段和环境检测信息是环境管理的重要基础，而污染源自动监控系统就是结合了环境情况监测、远程监控以及污染报警处理等的一个综合管理系统。它采用全球移动通信技术、无线上网技术、地理信息系统和计算机网络通信与数据处理技术，在现有GSM网的基础上开发出一套环境监控指挥系统和远程监控通信管理系统。

该系统可以远程监控所有在GSM网络覆盖范围内的特定移动目标，各类监控、报警数据通过GSM网络及电信有线网络传回监控服务中心。该中心还可通过DDN专线或电话线与12369呼叫中心、环保110事故中心或其他必要的机构相联，将移动目标的定位信息、求救信息、报警信息进行分类确认后，实时传送到相应的职能部门进行处理。

10.1 污染源监测信息采集与监控的状况

　　随着我国经济及城市化的快速发展，环境保护在城市建设中发挥着越来越关键的作用。污染源监测信息采集与监控是环境治理的一项重要的基础工作，也是目前应用的主要手段。近些年来，环境污染源监测工作的水平有了很大提升，但基于环保部门及企业自身因素等多方面的原因，环境治理发展水平不一，主要表现为以下几方面。

　　部分企业仍然依靠落后的人工检测手段，进行不连续的、随机性强的手工检测作业。这种工作不仅强度大、自动化程度低、数据完备性差，而且数据利用率低、不能很好地反映实际工况，因此对于环境监测工作作用甚微。

　　有些企业已经安装了传感器、二次仪表、黑匣子等污染物监测设备，但有些设备仅提供了现场显示、查询或打印功能，甚至不具备存储功能，设备运行必须依赖于专人长期值守，因此在实际中没有太大的实用性。

　　有些企业配备的污染物监测设备自动化程度较高，同时具备存储及打印功能，但不具备数据自动传输能力，或者未能发挥作用，数据仅仅局限于企业自身使用，共享能力差，上级环境监察部门不能及时掌握监测数据，因此这种设备也不能很好地满足环境监察工作的需要。由于污染源覆盖范围广、数量大、种类多，为了满足管理的需要，相关部门需要部署大量的人力、物力进行现场检测，这显然对环境治理工作的长期发展不利。

　　在自动控制技术、数据通信技术、数据库技术、地理信息技术迅速发展的今天，如何充分利用这些技术，建立起完善而先进的数字化环境监控体系，是各个城市进行环境监控工作建设的一项重要内容，也是目前城市环境监控的一个重要发展趋势。目前，部分环保局对排污企业的污染监控尚未实现在线实时管理。为了减轻环境监察人员的工作压力、加大环境治理的监管力度、提高工作效率和管理水平，有效地改善本地区的环境状况，开发一套运行稳定、通信可靠、操作简便、功能完备的污染源在线自动监控系统，以实现环境监控的自动化、网络化、现代化，已成为环境监察工作的当务之急。该项目的建设具有紧迫性和现实性，其核心是建立一套自动采集数据、自动传输数据、自动处理及分析数据，并能快速响应的市级数字化环境管理系统。

10.2　污染源自动监控的发展

污染源自动监控是利用先进的监测技术、自动化技术、信息化技术对污染源企业进行全天候、自动化的监控污染物排放情况及污染处理设施运行情况监测的技术，实现污染源远程监测、现场数据采集、自动判断是否超标、超标报警等功能。利用自动监控设施监测企业的排污状况和区域环境质量，是环保部门应用科学技术、加强环境监管的重要手段，也是"智慧环保"的具体体现。

目前，各地的环保部门已经或正在进行污染源监测系统的建设和改造，对水污染、大气污染等排放口及排放企业的污染源进行远程在线监控，以适应环境监测自动化、网络化、即时化、智能化的发展趋势，污染源在线监控系统是环保行业的重点发展对象。

但是，原有一些安装在现场的数据采集传输仪因设备质量、施工质量、设计缺陷、设备管理等原因无法长期稳定工作，需要进行改造。目前新建的污染源监控系统也需要基于高可靠性的产品和新一代的监控技术。

生态环境部已经制定了一系列针对污染源监测系统的国家环境保护行业标准。其中，《污染物在线监控（监测）系统数据传输标准》（HJ212-2017）规定了污染源在线自动监控（监测）系统中监控中心（上位机）与自动监控设备（现场机）之间数据通信、控制和报警等信息的传输协议。《环境污染源自动监控信息传输、交换技术规范（试行）》（HJ/T352-2007）规定了国家级、省级间的信息交换流程、交换模型以及环境污染源自动监控系统所需信息的内容和格式要求。各地的污染源在线监测系统的功能定义、设备规范、通信协议、管理规范需要符合这些标准。

按照相关建议的要求，污染物在线监控（监测）系统从底层逐级向上可分为现场机、传输网络和上位机3个层次。上位机通过传输网络与现场机进行通信（包括发起、数据交换、应答等）。

污染物在线监控（监测）系统有以下两种构成方式。

① 一台（套）集自动监控（监测）、存储和通信传输功能为一体的现场机，

可直接通过传输网络与上位机相互作用，如图10-1所示。

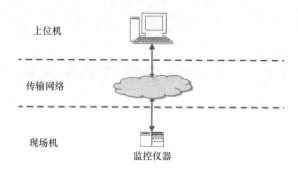

图10-1　污染物在线监控（监测）系统构成方式1

② 现场有一套或多套监控仪器仪表，监控仪器仪表具有数字输出接口，连接独立的数据采集传输仪，上位机通过传输网络与数采仪进行通信（包括发起通信、数据交换、应答等），如图10-2所示。

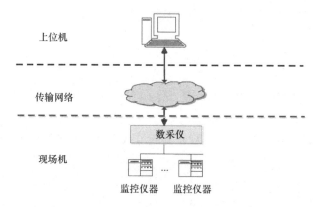

图10-2　污染物在线监控（监测）系统构成方式2

10.3　国控重点污染源自动监控系统

在环保信息化建设的过程中，由于经济水平发展不一致、建设内容不一致、利用开发工具和技术不同、在不同的开发平台上开发，并且运行在不同的操作系统和不同的数据库平台之上等原因，各级政府的污染源信息系统建设进程各不相同，不能实现互联互通，这就是"信息孤岛"产生的主要原因。为了解决"信息孤岛"的现象，各级政府要建立一套安全、稳定、高性能、跨平台、跨系统的污染源基础数据库系统，以实现污染源异构系统之间、新老系统之间的数据整合、数据共享。

国控污染源在线监控系统是物联网在环保领域的行业级实践。该系统是污染减排指标体系、监测体系和考核体系的重要组成部分，项目的目标是通过自动化、信息化等技术手段，实时掌握重点污染源的主要污染物排放数据、污染治理设施运行情况等与污染物相关的各类信息，确保污染减排工作取得实效，切实改善环境质量。

项目分三级六类，建设国家、省（自治区、直辖市）、地市三级300多个污染源监控中心并联网，为占全国主要污染物工业排放负荷65%的近万家工业污染源和近700家城市污水处理厂安装污染源自动监控设备，并与环保部门联网，实现实时监控、数据采集、异常报警和信息传输，形成统一的监控网络。

国家组织省、地市的近万家排污企业共同参与，实现了数万个点位的信息联通，全方位监控排污口、环保治理设施以及生产工艺，构建了一个庞大的环保物联网体系，打造了集监测、监视和监控三位一体的量化执法体系。该系统使得环保部门自动化、信息化为手段，逐步形成由环境卫星（宏观）、环境质量自动监测（区域流域）、重点污染源自动监控（微观）三个空间尺度构成的"天地一体化"的环境监管体系。

国控重点污染源自动监控系统是监控有线/无线通信技术及环境地理信息对全国范围内的重点污染源的废水废气等的污染状况，紧密结合国家环境保护总局的管理工作，将重点污染源管理、排污数据在线监测、排污超标报警、污染治理设备运行状态监测、污染源基础数据管理等有机地结合在一起，实现《国控重点污染源自动监控能力建设项目》确定的目标，即通过自动化、信息化等技术手段对国控重点污染源实施自动监控，更加科学、准确、实时地掌握重点污染源的主要污染物排放数据、污染治理设施运行情况等与污染物排放相关的各类信息，及时发现并查处违法排污行为，环境监管工作朝着严密化、规范化、便捷化、高效化的方向发展，促进环境监管能力的提升。

10.3.1 概述

本系统全天候在线监控重点污染源企业污染物排放情况及污染治理设施运行

情况，包括污染源自动监控及污染源报警等功能，实现污染源远程监测、现场数据采集、自动判断是否超标、超标报警等目标。

本系统与地理信息子系统相结合，把污染源的信息展现在电子地图中，实现实时、直观、动态、可视化的环境监控。

国控重点污染源自动监控系统的功能如图10-3所示。

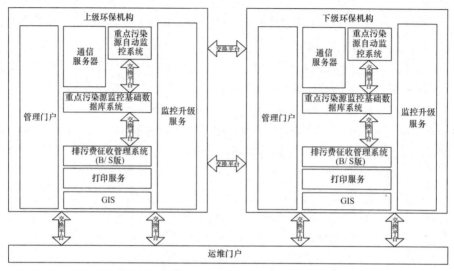

图10-3 国控重点污染源自动监控系统的功能

国控重点污染源自动监控系统的总体数据流程如图10-4所示。

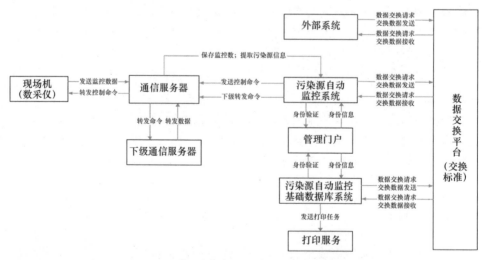

图10-4 国控重点污染源自动监控系统的总体数据流程

国控重点污染源自动监控系统的通信平台数据转发流程如图10-5所示。

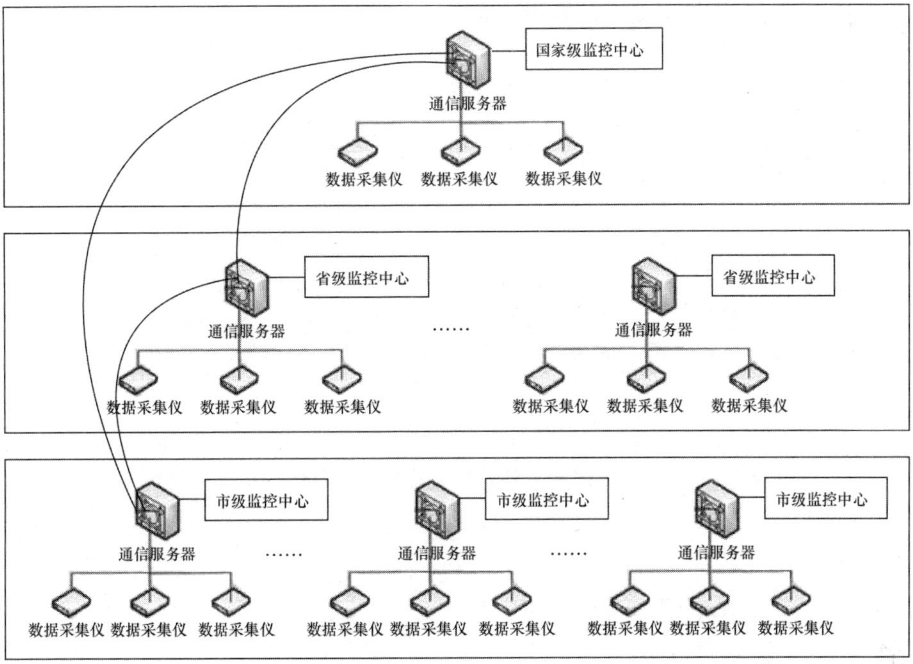
国家级监控中心
通信服务器
数据采集仪 数据采集仪 数据采集仪
省级监控中心
通信服务器
数据采集仪 数据采集仪 数据采集仪
……
省级监控中心
通信服务器
数据采集仪 数据采集仪 数据采集仪
市级监控中心
通信服务器
数据采集仪 数据采集仪 数据采集仪
……
市级监控中心
通信服务器
数据采集仪 数据采集仪 数据采集仪
……
市级监控中心
通信服务器
数据采集仪 数据采集仪 数据采集仪

图10-5 国控重点污染源自动监控通信平台数据转发流程

10.3.2 系统预期实现的目标

国控重点污染源自动监控系统预期实现的目标如图10-6所示。

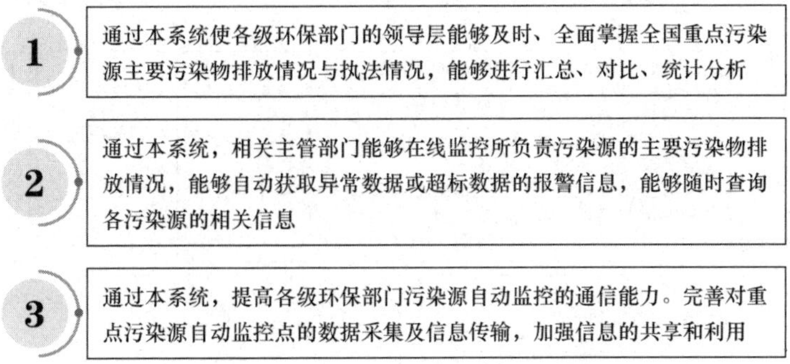
1
通过本系统使各级环保部门的领导层能够及时、全面掌握全国重点污染源主要污染物排放情况与执法情况，能够进行汇总、对比、统计分析
2
通过本系统，相关主管部门能够在线监控所负责污染源的主要污染物排放情况，能够自动获取异常数据或超标数据的报警信息，能够随时查询各污染源的相关信息
3
通过本系统，提高各级环保部门污染源自动监控的通信能力。完善对重点污染源自动监控点的数据采集及信息传输，加强信息的共享和利用

图10-6 国控重点污染源自动监控系统预期实现的目标

10.3.3 与其他子系统的关系

国控重点污染源自动监控系统与其他子系统的关系图如图10-7所示。

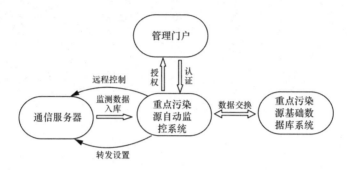

图10-7 国控重点污染源自动监控系统与其他子系统的关系

10.3.4 系统业务功能

国控重点污染源自动监控系统业务功能如图10-8所示。

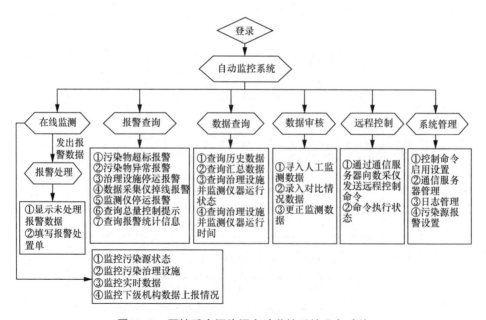

图10-8 国控重点污染源自动监控系统业务功能

10.3.5 功能模块

重点污染源自动监控系统应实现以下功能:

① 以灵活的通信方式实现包含污染治理设施、污染源自动监测设备及排污数据等信息从下级环保部门向上级环保部门的自动传输;

② 完善各级环保部门对重点污染源自动监测监控点的数据采集及信息传输;

③ 实现对自动监测仪器的远程控制;

④ 通过系统实现对监控数据的处理、分析功能;

⑤ 搭建地理信息系统平台,实现污染源静/动态显示;

⑥ 省市系统及环保部系统之间可通过统一的数据交换标准进行数据交换和通信系统的功能模块如图10-9所示,实现数据共享。

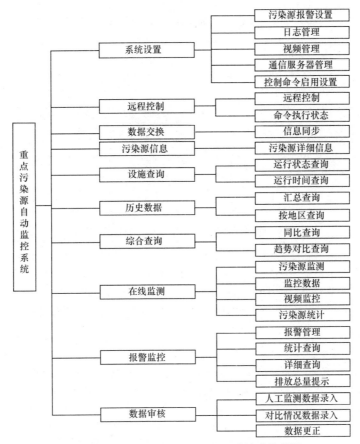

图10-9 重点污染源自动监控系统的功能模块

（1）在线监测功能

通过在线监测功能，环保局用户可以实时监测各个污染源企业污染物的排放情况以及治理设施运行情况等相关信息。在线监测功能主要有4个方面内容，如图10-10所示。

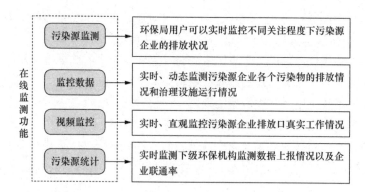

图10-10 重点污染源自动监控系统的在线监测功能

（2）报警监控功能

报警监控功能包括图10-11所示的4个方面内容。

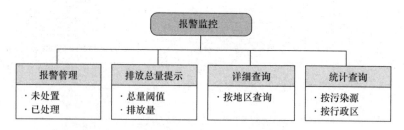

图10-11 重点污染源自动监控系统的报警监控功能

报警管理：处置管理污染源企业超标报警、异常报警、治理设施停运报警监测仪器停运报警和数采仪掉线报警。

统计查询：按污染源和行政区统计和汇总各种报警类型数据以及报警处置情况。

详细查询：详细查询某一地区所有污染源企业各个污染物报警处置情况。

排放总量提示：直观显示污染源企业各个污染物累计排放量和最高允许排放量的百分比。

（3）设施查询功能

通过本功能模块，环保局用户可以查看污染治理设施和在线监测仪器运行情况，具体内容如图10-12所示。

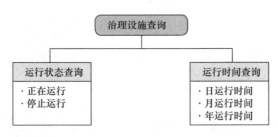

图10-12 重点污染源自动监控系统的设施查询功能

运行状态查询：通过进度条的方式可以很直观地查询治理设施在某一时间段的运行状态。

运行时间查询：通过柱状图的方式可以很直观地查询治理设施运行的时间。

（4）历史数据功能

用户可通过历史数据功能查询数采仪上报的各种类型的历史数据并对上报的数据进行汇总，如图10-13所示。

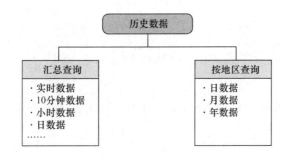

图10-13 重点污染源自动监控系统的历史数据功能

汇总查询：汇总污染源查询数采仪上报的各种类型的数据及入库的数据。

按地区查询：按行政区汇总各个污染物的排放量，本功能模块实现了按时间对比和按行政区对比。

提示：按行政区对比只能对比所选行政区的下一级行政区。

（5）综合查询功能

用户可通过综合查询功能查询不同分析类型条件下污染物排放的趋势走向等信息，方便决策分析，如图10-14所示。

同比查询：通过饼形图或柱状图的方式直观地显示废水、废气污染物、排放口和进水口在各种分析类型条件下所占的比重以及排放量（进水量）。

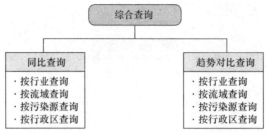

图10-14　重点污染源自动监控系统的综合查询功能

趋势对比查询：以线图或柱状图的方式直观显示废水、废气污染物、排放口和进水口在各种分析类型条件下的排放量（进水量）和趋势走向。

（6）数据审核功能

用户通过本功能模块可以人工补录漏采的数据，且可以根据业务需要修正数采仪上报的异常数据，如图10-15所示。

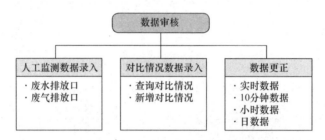

图10-15　重点污染源自动监控系统的数据审核功能

人工监测数据录入：人工录入污染源排口排放量、进水口进水量以及污染物的浓度值。

对比情况数据录入：录入人工监测值和仪器值并进行对比。

数据更正：手工校正污染源排口排放量、进水口进水量以及污染物浓度异常监测值，更正后可作为有效数据。

（7）远程控制功能

环保局用户通过本功能模块可对污染源企业端数采仪进行远程控制，如图10-16所示。

图10-16　重点污染源自动监控系统的远程控制功能

系统管理模块进行远程命令启用设置控制命令：

① 设置参数——现场机超时时间和重发次数；

② 设置参数——日数据上报时间；

③ 设置参数——实时采样数据上报间隔；

④ 设置参数——上位机地址；

⑤ 提取污染物日历史数据；

⑥ 提取污染治理设施运行状态情况，具体流程如图10-17所示。

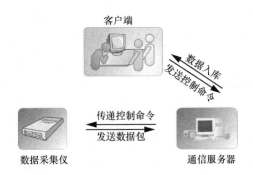

图10-17　环保数据采集及远程控制示意

（8）数据交换功能

用户可通过交换平台将基础数据库系统的污染源基本信息和字典表信息同步到自动监控系统，如图10-18所示。

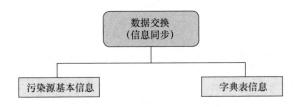

图10-18　数据交换功能

可以查询的污染源详细信息如图10-19所示。

① 污染源基本信息；

② 数据采集仪信息；

③ 污染治理设施；

④ 监测仪器；

⑤ 污水进水口以及污染物；

⑥ 废水排放口以及污染物；

⑦ 废气排放口以及污染物。

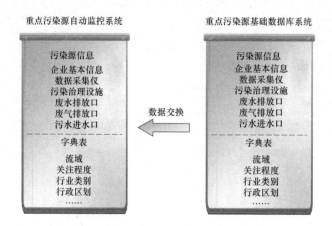

重点污染源自动监控系统　　　重点污染源基础数据库系统

污染源信息
企业基本信息
数据采集仪
污染治理设施
废水排放口
废气排放口
污水进水口

字典表

流域
关注程度
行业类别
行政区划
……

数据交换

图10-19　可查询的污染源详细信息

（9）系统管理功能

用户通过系统管理功能模块管理整个系统的污染源报警、日志以及视频和本级通信服务器。系统管理功能模块如图10-20所示。

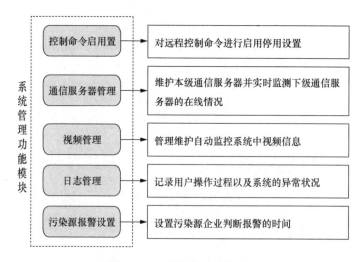

系统管理功能模块	控制命令启用置	对远程控制命令进行启用停用设置
	通信服务器管理	维护本级通信服务器并实时监测下级通信服务器的在线情况
	视频管理	管理维护自动监控系统中视频信息
	日志管理	记录用户操作过程以及系统的异常状况
	污染源报警设置	设置污染源企业判断报警的时间

图10-20　系统管理功能模块

（10）选择关注企业功能

查询条件及涉及功能模块如图10-21所示。

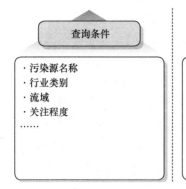

图10-21 查询条件及涉及功能模块

10.4 污染源在线监控系统的设计

10.4.1 污染源在线监控系统的设计原则

污染源在线监控系统应遵照国家、省政府、环保主管部门的法律法规，依据环保行业标准和电气技术规范，结合国内外同类监测系统的运行经验进行设计。

污染源在线监控系统的设计原则如图10-22所示。

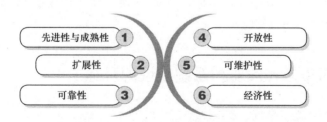

图10-22 污染源在线监控系统的设计原则

1. 先进性与成熟性

系统方案设计应确保技术的先进性，以尽可能满足今后科技发展和应用需求发展的要求，同时，考虑到本系统是实用项目而非理论研究项目，系统在设备选型、平台设计、实现方法等方面应充分注重成熟性、稳定性、可用性及性价比。

2. 扩展性

系统功能的可扩展性是应用系统方案规划与设计考虑的重要方面，由于环保监控系统是由多个参数的污染源监控系统组成的复合系统，若相关人员在设计总体方案时没有充分考虑各项功能的扩展需求，各类项目今后在逐步建设过程中，势必浪费大量的前期投资，也将极大地影响整个环保工程的整体效益。

本系统方案设计充分考虑到扩充、升级的需要，在软硬件的设计中预留接口，并采用模块化设计，使系统具有良好的容量、技术升级能力以及系统再整合能力，可以与其他用户系统及职能部门进行接口连接，扩大系统的应用范围。

3. 可靠性

污染源监控的现场均为工业生产环境，现场环境恶劣，各类干扰信号较强，为此，系统设计应满足工业生产环境电气系统的抗干扰要求。

系统监控的对象包括烟尘、烟气、污水等，均为腐蚀性、耗损性物质，容易破坏现场电子设备，因此，本系统配置的现场电子设备均应为抗腐蚀、防尘的工业级产品。

4. 开放性

系统设计应遵循开放式原则，能够支持多种硬件设备和网络系统，特别是对未来的各种新型联网模式的兼容，保障投资的长期有效；同时，应提供开放式的系统接口，便于系统的再整合和二次开发。

5. 可维护性

系统设计中应包含完整的维护和故障处理子系统，能够及时报告并处理系统中各个部分存在的问题，并可进行远程维护和更新。

6. 经济性

系统的设计要充分地考虑市场经济原则，既有利于满足用户对服务的需求，又有利于降低系统的投资成本。

10.4.2　污染源在线监控系统建设的目标

污染源在线监控系统的建设目标主要如下：

① 基于污染源在线自动监控（监测）系统数据传输标准，实现现场监测站与环保局中心站的标准数据传输；

② 环保局中心站在线动态增加现场监测站的能力；

③ 现场监测站的历史数据存储与上传能力，环保局中心站的历史数据调取与解析、插入存储能力。此两种能力解决了现场断线后，环保局中心站的数据完整

性问题；

④ 满足环保局中心站对数据存储的长时间、高精度（ms级）、多点并发及压缩能力等功能要求；

⑤ 环保局中心站采用B/S体系结构，降低客户端软件安装配置的复杂度。

10.4.3 系统体系结构设计

污染源在线监控系统由环保局监控中心与企业监测中心两大部分组成，系统结构如图10-23所示。

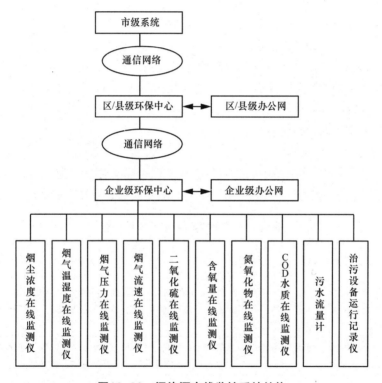

图10-23 污染源在线监控系统结构

10.4.4 环保局监控中心

1. 环保局监控中心应实现的功能

环保局监控中心应实现的功能如下：

① 环保局监控中心通过通信网络实时采集所有监测现场的各类信息，并存储至中心计算机数据库中；

② 根据不同需求，查询、统计、分析、显示、汇总、报表打印各类信息等；

③ 对超标参数进行报警，必要时，对产生超标的污染源现场实施远程自动控制等；

④ 根据需要，可在监控中心设置大屏幕设备，显示各监测点动态分布的电子地图和实时监测数据，供指挥和宏观决策参考；

⑤ 接听处理12369热线电话，电话录音、事件查询、事件处理、政策咨询等；

⑥ Web信息发布。

2. 环保局监控中心的设备组成

环保局监控中心的设备包括中心数据库服务器、中心管理计算机、打印机、通信装置、操作台及UPS电源等。

根据需要，监控中心可配置大屏幕显示设备，显示各监测点动态分布图等电子地图信息并实时监测数据变化情况，也可根据用户要求添置12369呼叫中心系统及Web信息发布系统。

3. 监测中心软件系统

（1）数据通信系统

数据通信系统负责整个环保监控网远程数据的接收与指令通信，其运行的稳定性和数据传输的正确可靠性是整个应用系统动作的关键，主要功能说明见表10-1。

表10-1　数据通信系统的主要功能

序号	功能模块	说明
1	企业基本信息维护	实现企业基本信息的增加、删除、修改、查询等处理。数据包括：企业编号、企业名称、企业地址、邮政编码、负责人、联系人、联系电话、传真、电子邮件、入网标志、地理位置标注X、地理位置标注Y、地理位置标注标志、备注信息等
2	污染指标信息维护	实现污染指标信息的增加、删除、修改、查询等处理，数据包括：标准编号、标准类别、类别描述、预警数据值、报警数据值、备注信息等
3	监测仪信息维护	包括在线监测仪基本信息的增加、删除、修改、查询等处理，数据包括：设备编号、设备名称、生产厂家、运行状态编码及描述、控制命令、通信协议等信息
4	数据通信处理	实现与各种在线监测仪间的数据通信，包括接收数据解析、数据存储、控制命令发送等功能
5	数据预报警处理	对于接收到的数据，根据企业的类别，对照排放指标标准，系统自动进行判断是否超标，如发现超标数据，在系统主界面中动态显示提示信息；如果在指定时间段内没有进行处理，根据设置，系统可自动将超标企业的基本信息、超标时间、超标数据以短信方式发送到相关工作人员或主要领导的手机中

（续表）

序号	功能模块	说明
6	系统日志管理	在系统运行的过程中，系统可根据设置自动记录运行状态分析通信日志，及时掌握系统运行情况，这对于分析系统运行故障具有重要的意义。因通信日志数据量大，占用较大的存储资源，系统运行时可根据具体情况设置日志的存储期限，既能起到应有作用，又能节省系统资源。此部分操作主要包括系统日志的查询、打印、清除等。涉及的数据包括日志记录时间、日志类别、日志内容描述等信息
7	操作员信息维护	为了确保系统的正常运行及系统的安全性，系统共提供了3种操作权限：系统用户拥有系统的所有功能操作权限；管理用户拥有部分业务相关的功能操作权限；普通用户只能进行系统中相关内容的查询操作。此部分操作包括操作人员信息的增加、修改、删除及查询等操作。数据包括人员编号、名称、操作权限、手机号码及是否接收短信通知等信息
8	数据库维护	因为系统是一个实时的数据采集系统，每天产生大量的数据，数据库中的数据量超过一定限值时，将会影响数据库系统的性能和程序的运行速度。另外，在系统运行的过程中，由于各种原因，很可能造成系统异常，甚至崩溃，为确保数据安全，相关人员必须采用相应的容错措施。该部分操作主要实现数据库的人工备份或定期备份，数据库异常后的数据恢复，确信无用历史数据的删除等操作
9	系统运行参数维护	主要维护系统的运行环境、初始状态、网络运行参数、数据库连接参数等直接影响通信子系统正常运行的信息

（2）数据处理系统

此系统主要具有数据信息的查询、打印、统计、分析等功能，具体见表10-2。

表10-2　数据处理系统功能

序号	功能模块	说明
1	信息查询	① 企业基本信息查询； ② 污染指标信息查询； ③ 监测仪信息查询； ④ 系统日志查询； ⑤ 操作员信息查询； ⑥ 监测数据查询
2	数据打印	① 指定企业的当日监测数据查询、打印（可按时间升序或降序进行）； ② 指定企业的指定时间段监测数据查询、打印（可按时间升序或降序进行）
3	监测数据对比分析	① 同一企业历史数据对比分析、打印（可按日同期、月同期、年同期进行）； ② 同类企业数据对比分析、打印（可比较日数据、月数据、年数据）

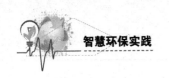

（续表）

序号	功能模块	说明
4	相关报表打印	① 指定企业的监测明细数据打印（含最大值、最小值、平均值和排放量）； ② 指定企业的日监测数据打印（含最大值、最小值、平均值和排放量）； ③ 指定企业的月监测数据打印（含最大值、最小值、平均值和排放量）； ④ 指定企业的年监测数据打印（含最大值、最小值、平均值和排放量）
5	超标数据查询	① 当日超标企业信息查询、打印； ② 指定时间段内超标企业信息查询、打印； ③ 指定时间段内某企业超标记录查询、打印； ④ 指定时间段内超标企业信息统计、打印
6	GIS功能	① 地图基本功能，包括缩放、平移、测距、鹰眼图、图层设置等； ② 地图中企业的添加、删除、位置变动； ③ 地图中限定区域内的企业查询与统计； ④ 地图中企业信息的查询、监测数据查询（含曲线方式）、超标记录查询等
7	屏幕投影显示	可将GIS信息处理功能、数据查询分析功能以更加直观的方式显示在大屏幕投影仪上

10.4.5　企业监控中心（现场监测站）

企业监控中心由数据采集与处理单元、通信单元及现场监测设备3部分组成。

企业现场的各种在线监测设备自动实时监测污染物排放口，其监测数据由数据采集器采集到监测中心，经数据处理单元处理后，由通信装置上传至环保局监控中心。

企业监控中心的数据处理器具有本地存储功能，当通信网络出现故障时，企业监控中心系统会自动保存数据；通信恢复后，系统自动将故障期间的全部未上传的数据上传至监控中心服务器，确保不会丢失数据，保证了数据的完整性。

1. 企业中心设备

① 工控计算机：必须为工控型计算机，配置为计算机标准配置，根据企业现场需要可加装多串口采集卡。

② 现场控制柜：为适应监测现场的恶劣环境，在监测现场，本系统设计生产专用的现场控制柜。现场控制柜采用金属外壳加工，工艺结构设计合理，防水、防锈、结实耐用。

③ 稳压电源：由于企业大型用电设备多，容易造成现场供电需求大、尖峰干

扰多，所以现场应安装稳压电源以保证中心设备的用电需要。

④ 无线传输设备：为保证数据传输的稳定性，该系统采用工业级无线Modem。

2. 企业监测软件及其功能

企业监测软件须具备下述功能。

① 数据采集：设置企业基本信息、监测对象基本信息及通信参数以及系统通信参数等。

② 监测数据采集处理。

③ 监测数据通信处理。

④ 查询、打印处理模块。

3. 企业污染物在线监测设备

企业污染物在线监测设备的功能要求见表10-3。

表10-3 企业污染物在线监测设备

序号	设备名称	功能要求
1	COD在线监测仪	COD在线自动监测仪采用国标方法检测，具有如下技术特点： ① 符合国家标准GB11914-89，与手动分析具有很好的相关性； ② 智能故障自诊断功能，仪器管理和维护十分方便； ③ 具有抗氯干扰功能，可分析含Cl-10000mg/L以下的废水； ④ 量程大，可直接检测COD10000mg/L以下的污水，且仪器可根据水质情况自动调整量程； ⑤ 监测仪的测量范围广，可广泛用在污染源和地表水的测量； ⑥ 每天可测定24组以上数据，并可显示、打印测定值； ⑦ 开放式的接口设计，具有网络功能，兼容性强，可实现数据共享及远程控制
2	污水流量计	污水流量计需必备下述功能特点： ① 记时功能（年、月、日、时、分、秒）； ② 瞬时流量功能（Q）； ③ 累积流量功能（TQ）； ④ 停电记时功能（T）； ⑤ 可按需要设定采样比例，调解采样量； ⑥ 可同时采集两个不同深度的水样； ⑦ 可同时采集两个加不同保护剂（加酸性或碱性保护剂）的水样； ⑧ 具有独特的被测污水倒流控制功能，可基本上清除因暴雨或潮汐等原因产生的流量计量误差
3	烟气在线监测仪	该监测仪主要用于对工业锅炉、电厂锅炉、工业窑炉等污染源烟道气中烟尘、SO_2、100X等浓度进行动态连续监测，同时提供烟气流速、O_2、压力、温度、湿度等参数，自动记录污染源的排放总量和排放时间

（续表）

序号	设备名称	功能要求
4	数据采集器	用于各种在线监测设备现场，通过不同的接口采集监测设备的模拟信号、数字信号、开关量，以获得监测设备的监测数据及工作状态，并可自动或根据相关命令将采集后的监测数据上传至指定的监控中心。采集器应具有数据存储、远程通信的功能。各设备连接端口及远程通信端口参数设置灵活、方便，可以本地或远程维护。设备兼容性应强，可以连接不同厂家、不同类型、不同通信协议的在线监测设备。能够广泛应用于环保、水利等行业

10.5 污染源在线监控系统的第三方运营维护

　　企业安装了污染源在线监控系统，这些企业的在线监控系统需要运营维护：一方面，由于经济发展状况、国民素质、环保意识等方面的原因，排污企业出于自身利益的考虑，常有偷排现象；一些企业对污染源监控系统存在抵触心理，对已安装的设施采取消极管理、消极维护的态度，从主观上讲，排污企业不具备积极主动、客观公正地进行运营管理的动机；另一方面，由于在线监测与监控是一项涉及机械电子、信息技术、分析化学、自动化控制、网络技术等多门学科专业性很强的工作，因此，它的运营需要较高的专业水平。环保部门由于要承担环境保护相关的各项监督管理和执法工作，人力有限自行管理往往力不从心。

　　近年来的实践经验证明，第三方运营是一种有效实施污染源在线监控管理的运营模式。

10.5.1 第三方运营介绍

　　第三方运营是指环保部门委托从事环保技术服务的专业公司对辖区内的在线监控系统进行统一的维护和运营管理。这些公司一般是独立于被监测企业和环保部门的第三方实体，依据《环境污染治理设施运营资质许可管理办法》的规定，其获取了环境染污监控、治理设施运营的资格。它们受环保部门的委托并对环保部门负责，为政府、企业及公众提供客观公正、准确可靠、实时、连续的环境监测数据。

1. 第三方运营维护的必要性和可行性

目前，全国环保部门建设的空气自动站、水质自动站、污染源在线监控子站（废水和废气等）越来越多，管理好这些监测子站已成为环境监控部门重要的任务。由于环境监控部门的各项工作任务不断加重，其已无力维护管理越来越多的自动监控子站，于是，不少地方的环境监控部门开始实行监控子系统的管用分开，对现场的监测仪器设备的日常运行实行市场化管理，而环境监控部门主要负责对运营公司进行考核，实施质量监督检查和数据审准等工作，这种管用分开、运行与监督分开的方式，也有利于保证自动监控系统的数据的可靠性，也有利于缓解环保部门的压力。

（1）第三方运营是环境管理的需要

安装在线监测监控设备是为了使环保部门掌握企业污染排放状况和污染处理设施运行情况。废水COD在线监测仪和废气、烟气在线监测装置（CEMS）都应如实地向环境保护部门提供实时监测数据和总量监测数据，并逐步被应用于环境管理。质量可靠、有效的在线监测数据才能用于排污收费、总量控制和污染事故的监控。为了体现在线监测工作的成效，使之能在环境管理中发挥有效作用，使政府和企业投入大量资金购置的在线监测监控装置发挥作用，第三方运营管理是非常有必要的。

（2）第三方运营是提高运营水平的需要

在线监测设备是较精密的监测仪器，一台COD仪器价值10～30万元，一套较好的烟气在线监测装置价值近百万元。这些产品技术含量较高，需要有较高素质的技术人员来操作和维护，且需要严格的质量控制要求，确保监测的正确性。然而培训一个技术全面且能熟练掌握在线监测操作与维护的技术人员需要相当长的时间，一个企业往往只有1～2台在线监测仪，让企业培养高要求的在线监测专业人才是有困难的。实行第三方运营管理后，污染企业只需要提供该设备所需要的外部环境，而仪器的操作、维护及维修均可让运营公司来承担，这样专业人员的培养运营公司的责任。

（3）第三方运营能提高企业环保工作者的地位

实行第三方营运管理后，监测数据能真实、及时地被传输到环境管理部门，

企业会更加重视环保人员，这样，环保人员的智慧就可以真正用于污染防治，企业的环保管理水平也因此会上一个新台阶。

（4）在线监测第三方运营是企业环保工作的需要

实行第三方运营后，企业在线监测的数据才可得到有效应用，从而更准确地反映一个企业的排污总量。当前，环境监控部门一个月或更长的时间监测一次企业污染排放情况，而这样的监控存在较大的偶然性，会导致排污收费忽高忽低的情况，很多企业环保人员希望做好在线监测，要求实行总量监测和总量收费。

（5）第三方运营化解了企业环境监测可能遇到的风险

在线监控仪器设备的一次性投资较高，运行费用也相当可观。第三方运营公司管理大量的在线监测设备，具有规模优势及人才优势，可用较低的费用保证系统的正常运行，可降低企业因个别仪器性能方面的不确定性而可能带来的事故的风险。

2. 第三方运营具有很多优势

第三方运营的管理模式具有诸多优点：首先，它能够充分发挥监控设备的作用，克服了监控设备由企业自身管理的弊端，从根本上改变了过去设施安装后无人管理、基本处于停运或半停运状态的局面；其次，第三方运营可以通过集约化的管理降低运行维护成本；另外，作为环保部门的科技助手，运营单位可以提供专业化的服务，让环保部门有限的人力从琐碎、繁杂的运营工作中解放出来，集中投入到行政管理、监督、监察和行业指导的本质工作中。

10.5.2　第三方运营的内容

1. 废水、废气在线监测运营的内容

目前，水质自动监测仪器可监测的项目有：水温、pH值、溶解氧（DO）、电导率、浊度、氧化还原电位（ORP）、流速和水位等。常用的监测项目有：COD、高锰酸盐指数、TOC、氨氮、总氮、总磷。其他监测项目还有：氟化物、氯化物、硝酸盐、亚硝酸盐、氰化物、硫酸盐、磷酸盐、活性氯、TOD、BOD、UV、油类、酚、叶绿素、金属离子（如六价铬）等。

烟尘烟气在线自动监测仪器监测的常规项目有：含氧量、烟气流速、烟气温度、烟气湿度、烟气压力等。常用的监测项目有：二氧化硫、氮氧化物、氯化氢、硫酸雾、氟化物、氯气、氰化氢、光气、沥青烟、一氧化碳、颗粒物、石棉尘、饮食业油烟、镉及其化合物、镍及其化合物、锡及其化合物、铬酸雾、氯乙烯、非甲烷总烃、甲醇、氯苯类、酚类、苯胺类、乙醛、丙烯醛、丙烯腈、苯并（a）芘、二噁英类等。

目前，国控污染源企业和省级重点污染源企业安装的废水和废气在线监测仪器见表10-4。

表10-4　国控污染源企业和省级重点污染源企业安装的在线监测仪器

废水在线监测	常规监测项目	水温、pH值、溶解氧（DO）、电导率、浊度
	常用监测项目	COD
废气在线监测	常规监测项目	含氧量、烟气流速、烟气温度、烟气湿度、烟气压力
	常用监测项目	二氧化硫、TSP

目前的自动分析仪一般具有如下功能：自动量程转换，遥控、标准输出接口和数字显示，自动清洗（在清洗时具有数据锁定功能）、自动反吹、状态自检和报警（如液体泄漏、管路堵塞、超出量程、仪器内部温度过高、试剂用尽、高/低浓度、断电等），干运转和断电保护，来电自动恢复等。

废气和废水在线监测运营维护的主要内容是国控重点污染源企业和省级重点污染源企业安装的废水和废气在线自动监测设备的日常使用，具体内容包括以下几点。

① 保持监测仪器的工作环境的清洁；

② 检查采样系统情况，检查内部管路是否通畅，确保仪器反吹装置运行正常；

③ 检查各自动分析仪的管路是否清洁，滤网是否堵塞，必要时进行清洗；

④ 检查各仪器标准溶液和试剂是否在有效使用期内，按相关要求定期更换标准溶液和分析试剂；

⑤ 检查各台自动分析仪及辅助设备的运行状态和主要技术参数，判断运行是否正常，定期校验（质控样比对试验、校验样比对试验）；

⑥ 若部分站点使用气体钢瓶，应检查载气气路系统是否密封，气压是否满足使用要求；

⑦ 检查站房内电路系统、通信系统是否正常，观察数据采集传输仪的运行情况，并检查连接处有无损坏，对数据进行抽样检查，对比自动分析仪、数据采集传输仪及上位机接收到的数据是否一致；

⑧ 操作人员在对系统进行日常维护时，应做好巡检记录，巡检记录应包含该

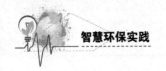

系统运行状况、系统辅助设备运行状况、系统校准工作等必检项目和记录以及仪器使用说明书中规定的其他检查项目和校准、维护保养、维修记录；

⑨仪器废液应送相关单位妥善处理。

2. 净化设施监测、报警和监控的运营

（1）净化设施监测的运营

净化设施运行情况监测是通过实时采集和处理各种污染源在线监测仪表、净化设施和排污设备的关键参数，对净化设施的运行状况和净化效果进行监测的过程。其包括对废气净化设施运行情况（如脱硫和除尘设施）和废水净化设施（如污水站）进行的监测。

目前，监测的关键参数主要包含电气参数（如电压、电流、频率等）和工艺参数（物位、流量、压力等）。

净化设施运行情况的监测运营主要包括对废气和废水净化设施监控设备的定期维护和检修，确保企业端净化设施运行数据能够及时、准确地被传输到省环保局的数据平台上，便于省环保局的监督和管理。

（2）报警和监控的运营

1）污染源在线报警和控制系统的组成

污染源在线报警和控制系统主要包括报警系统、初级执行系统和紧急执行系统，如图10-24所示。

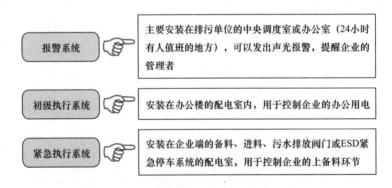

报警系统	主要安装在排污单位的中央调度室或办公室（24小时有人值班的地方），可以发出声光报警，提醒企业的管理者
初级执行系统	安装在办公楼的配电室内，用于控制企业的办公用电
紧急执行系统	安装在企业端的备料、进料、污水排放阀门或ESD紧急停车系统的配电室，用于控制企业的上备料环节

图10-24 污染源在线报警和控制系统的组成

2）污染源在线报警和控制系统工作方式

排污生产控制分4级进行，如图10-25所示。

3）污染源在线报警和控制系统的运营

污染源在线报警和控制系统的运营主要包括对报警系统、初级执行系统和紧急执行系统设备的定期维护和检修，以确保设备可以正常运行。

1级	当污染物净化设施擅自停运或运行异常时，系统进行自动或手动警铃告警，并能远程启动污染物排放净化设施
2级	当污染物排放轻度超标时，系统进行自动或手动警铃告警，并能远程切断办公区域用电
3级	当污染物排放重度超标时，系统进行自动或手动警铃告警，并能远程切断辅助生产设备或者形成污染的设备用电
4级	当污染物排放严重超标，可能形成重大紧急污染事故时，系统进行自动警铃告警，并能远程立即切断排污设备电源

图10-25　排污生产控制4级进行方式

3. 数据平台的运营维护

数据平台的运营维护主要包括网络安全巡检、软件保障和巡检、通信网络故障排查、平台维护运行、软件开发以及数据运营维护等内容。

10.6　污染源自动监控（监测）系统建设要求

为规范固定污染源自动监控（监测）系统现场端的建设，环境保护部环境监察局于2017年7月28日批准《固定污染源自动监控（监测）系统现场端建设技术规范》。本技术规范规定了固定污染源自动监控（监测）系统现场端的设计、建设、安装、现场施工、安全防护和验收的相关技术要求。该规范自2017年8月1日起实施，现整理其核心内容如下，以供参考。

10.6.1　排气污染源自动监控（监测）系统现场端技术要求

1. 排放口的设置

排放口环境保护图形标志牌的设置应符合《环境保护图形标志排放口

（源）》（GB15562.1–1995）的要求，其他的设置应符合《固定污染源烟气排放连续监测技术规范》（HJ/T 75–2017）及各级环境保护主管部门的相关要求。

2. 监测点位置的设置

监测点位置的选择应符合HJ/T 75中关于监测点位置的要求。监测点应位于烟气中颗粒物、气态污染物和流速分布相对均匀、排放状况有代表性的位置，在固定污染源排放控制设备的下游和手工参比方法监测断面上游。监测点的位置应尽可能选择在气流稳定的直管段，避开烟道弯头和断面急剧变化的部位和涡流区，不受环境光线和电磁辐射的影响，烟道振动幅度应尽可能小，避开烟气中水滴和水雾的干扰。

（1）颗粒物和流速监测点位置的设置

此位置应优先选择在垂直管段和烟道负压区域，在距弯头、阀门、变径管下游方向大于烟道直径4倍的距离设置以及距上述部件上游方向大于烟道直径处2倍的距离设置。

（2）气态污染物监测点位置的设置

此位置应设置在距弯头、阀门、变径管下游方向大于烟道直径2倍的距离的位置以及距上述部件上游方向大于烟道直径0.5倍的距离的位置。当在排放口附近设置监测断面时，监测断面位置应设置在距离排放口烟道直径0.5～1.5倍的位置。

（3）矩形烟道直径的计算及监测点位置的确定

矩形烟道直径按当量直径计算，当量直径 $D=2AB/(A+B)$，式中 A、B 为边长。当安装直管段不能满足上述要求时，参照表10–5所示方法确定监测点的位置。

表10–5　监测点位置的确定方法

序号	监测类别	监测点位置
1	颗粒物	当采用抽取式点测量时，应选择单点布设；当采用线测量光学法时，应尽可能延长测量光程距离
2	气态污染物	监测点位要求可适度放宽，但布设在排气出口附近时，应位于距离烟道直径0.5～1.5倍的位置，且应避开涡流区
3	流速	可根据固定源的具体情况选择安装符合点测量、线测量或面测量装置的点位

3. 采样平台

采样平台的建设要求如下。

① 采样平台的建设应符合HJ/T 75–2017中关于平台建设的要求。采样平台的位置应易于人员到达，当采样平台设置在离地面高度≥2m的位置时，应有通往

平台的斜梯、Z字梯或者旋梯，不得使用直爬梯；当采样平台设置在离地面高度≥20m的位置时，应有可到达平台的升降梯。爬梯的宽度不得小于0.9m、爬梯的角度不得大于51°、脚部踏板宽度不得小于0.1m、采样平台长和宽均不得小于2m或采样枪长度外延1m、护栏不得低于1.5m、平台的承重不得小于300kg/m²。

② 采样平台应在监测设备附近提供干燥、清洁、无油、无尘、无污染因子成份的反吹气源，气源压力要求应在0.6～0.8MPa。

③ 采样平台应在监测设备附近布设安全的供电电源，电压要求为198～242V。

4. 现场端设备的安装

（1）采样孔

① 固定污染源烟气排放连续监测系统（CEMS）采样孔的开孔位置和数目均应符合HJ/T 75-2017中关于采样孔的要求。

② 在CEMS现场端监测断面下游应预留手工参比方法采样孔，开孔位置和数目应符合《固定污染源排气中颗粒物测定与气态污染物采样方法》（GB/T16157-1996）中关于手工参比方法采样孔的要求。手工参比方法采样孔内径不得小于100mm，配套的采样管应和烟道壁垂直，且向外伸出烟道外壁不小于50mm。当烟道为正压或有毒气时，应采用带闸板阀的密封采样孔。

③ 各采样孔法兰、采样管及其固定连接材料（包括螺母、螺栓、短管、法兰等）应采用不锈钢，法兰密封圈应采用耐热材料。焊件应组对成焊，其壁（板）的错边量应符合以下要求：短管和管件应对口、内壁齐平、最大错边量不应大于1mm。

④ 在互不影响测量的前提下，手工参比方法采样孔应尽可能靠近CEMS现场端监测断面。当监测点位设置在矩形烟道时，若烟道截面的高度大于4m，则不宜在烟道顶层开设参比方法采样孔；若烟道截面的宽度大于4m，则应在烟道两侧开设参比方法采样孔，并设置多层采样平台。

⑤ 监测设备采样孔距平台底面距离应为0.5～1.3m，手工参比方法采样孔距平台底面距离应为1.2～1.3m。单层平台面积不能满足全部采样孔设置的，应设置多层采样平台。

（2）颗粒物监测设备的安装

颗粒物监测设备应安装在无涡流、气流扰动小、易于接近、便于维护的烟道段，位于顺气流方向的下游。颗粒物监测仪法兰与安装法兰应采用耐热材料，用连接螺栓紧固。不同种类的安装要求如下。

① 对射法颗粒物监测设备：在烟道壁的两侧安装监测设备，烟道两端法兰的轴心线应保持同轴，两法兰轴心线角度误差应小于1°，光路应准直，两法兰应牢固可靠。发射单元的激光从发射孔中心发射到对面反射单元，发射光和反射光中

心线相叠合的极限偏差应不大于2‰。连接发射端和接收端的风管风压应大于烟道内的风压，并可将风管整齐固定。

② 光学后向散射法颗粒物监测设备：在烟道壁的一侧安装监测设备，相关人员应根据烟道内径及壁厚确定颗粒物监测仪探头的长度和有效光程，并保证法兰孔及烟道内应无任何物件遮挡仪器光路。

③ 抽取式β法颗粒物监测设备：在烟道壁的一侧安装监测设备，采样嘴必须正对气流方向，烟道壁上的法兰与监测设备的法兰之间应加耐热垫密封并紧固。

④ 抽取式光前散射法颗粒物监测设备：在烟道壁的一侧安装监测设备，采样嘴必须正对气流方向，烟道壁上的法兰与监测设备的法兰之间应采用加耐热垫密封并紧固。

（3）气态污染物监测设备的安装

气态污染物监测设备的安装要求见表10-6所示。

表10-6 气态污染物监测设备的安装要求

序号	种类		安装要求
1	抽取式气态污染物监测设备	完全抽取式	① 法兰应上倾5°焊接，采样孔的法兰与联接法兰的几何尺寸极限偏差不得大于±5mm，法兰端面垂直度的极限偏差不得大于2‰； ② 设备的安装法兰通过焊接或水泥固定在烟道上，安装法兰之间应用耐热垫密封，用螺栓连接紧固； ③ 采样头、采样管、伴热管各连接处应严格密封
		稀释抽取式	法兰通过焊接或水泥固定在烟道上，安装法兰之间加耐热垫密封，用螺栓连接紧固。外稀释抽取式监测设备的安装法兰的要求与完全抽取式监测设备的要求相同
2	点式直接测量气态污染物设备		安装在烟道壁的一侧。将已知长度的测量探头直接插入烟道，法兰之间的连接、密封和紧固与抽取式气态污染物监测设备的方法相同，并应采取减震措施
3	线式直接测量气态污染物监测设备		① 在烟道壁的两侧分别安装设备的光发射端和光接收端； ② 调整光发射端光源的调节器，测定光接收端接收到的最大信号，表明测量仪器光路准直，将位置固定，或按照测量仪说明书的方法确定； ③ 法兰之间的连接、密封和紧固与抽取式气态污染物监测设备的方法相同，并应采取减震措施

（4）流速监测设备的安装

不同种类流速监测设备的安装要求略有不同，具体见表10-7。

表10-7 流速监测设备的安装要求

序号	种类	安装要求
1	单点皮托管压差法流速监测设备	① 皮托管探头不宜安装在烟道内烟气流速小于5m/s的位置。安装皮托管探头时，全压口与气体流动方向的偏差角最大不得超过±5°，探头的全压口和静压口应位于距烟道内壁当量直径的1/3～1/2处或距烟道内壁不小于1m处； ② 皮托管与微差压变送器间距离应尽可能小。皮托管全压口、静压口与微差压变送器的压力检测口用聚四氟乙烯管相连，连接处应密封。微差压变送器的安装位置宜高于皮托管安装位置，固定法兰与安装法兰应采用耐热材料密封，用连接螺栓紧固
2	多点皮托管压差法流速监测设备	① 在烟道壁的一侧或两侧安装； ② 应根据烟道实际情况开孔并进行密封。将面向气流各测点串联并引出一根总管（全压管），将背向气流各测点串联并引出一根总管（静压管），并分别与压差变送器对应的端口连接；点测量仪安装完成后检查系统密闭性，并应合格； ③ 其余同单点皮托管压差法流速监测设备的方式
3	平均压差法皮托管线流速监测设备	与单点皮托管压差法流速监测设备和多点皮托管压差法流速监测设备的安装要求相同
4	超声波法流速测量仪	① 在烟道壁的一测气流的上游和烟道壁的另一侧气流的下游分别安装一台超声波发射/接收装置； ② 发射/接收超声波装置所在直线位置与烟道轴线的典型夹角为30°～60°； ③ 在测量装置法兰盘和固定在烟道上的法兰盘之间应用耐热垫密封并紧固
5	测点排列矩阵压差法面流速监测设备	① 在水平烟道的上部开槽，从开槽处将面流速测量仪垂直插入烟道并进行固定和密封；将面向气流各测点串联并引出一根总管（全压管），再将背向气流各测点串联并引出一根总管（静压管），并分别与压差变送器对应的端口连接，应保证系统的气密性； ② 其余要求与单点皮托管压差法流速监测设备和多点皮托管压差法流速监测设备的要求相同

（5）烟气温度、压力、湿度及含氧量探头的安装

烟气温度、压力、湿度及含氧量探头的安装要求如下：

① 温度传感器、压力传感器、湿度传感器探头安装位置距气态污染物探头或颗粒物探头位置不得小于0.5m；

② 温度传感器、压力传感器法兰水平安装或焊接在烟道上，传感器安装应密封、紧固；

③ 湿度探头法兰安装时，应使安装法兰端上倾5°，减少冷凝水进入探头，湿度探头、安装法兰间采用耐热材料密封，并用螺栓连接紧固；

④ 含氧量探头法兰安装时，应使安装法兰端上倾5°，减少冷凝水进入探头，含氧量探头、安装法兰间采用耐热材料密封，并用螺栓连接紧固。

（6）其他附属设备的安装

其他附属设备的安装要求见表10-8。

表10-8　其他附属设备的安装要求

序号	设备名称	安装要求
1	抽取式CEMS采样管	① 完全抽取式CEMS，采用伴热管，管路长度应尽可能短，最大长度不宜超过76m，管路倾斜角度不得小于5°，在每隔4～5m处装线卡箍，整条管路不得出现U型和V型的布线形状，避免形成水封； ② 稀释抽取式CEMS，采用普通导气管，管路长度不宜超过100m
2	站房机柜	站房机柜的安装位置应确保完全抽取式CEMS的伴热管或稀释抽取式CEMS的导气管从监测站房墙壁进口处到站房机柜接口处的弯曲圆弧半径不小于0.5m，机柜的前、后、左、右与墙壁要留有一定空间，保证柜门能打开，便于维护
3	其他	① 系统的电气、仪表、管线、施工配管配线的连接应符合《电气技术用文件的编制》（GB/T 6988.5-2006）的规定，系统的管线、施工配管配线应标明名称，并用不同标识予以区别，整洁固定排列； ② 平台、监测站房、交流电源设备、机柜、仪表和设备金属外壳、管缆屏蔽层和套管的防雷接地，可利用厂内区域保护接地网，采用多点接地方式。厂区内不能提供接地线或提供的接地线达不到要求的，应在子站附近重做接地装置； ③ 在条件成熟时，宜在采样平台上安装视频监控探头，要求能清晰监控相关人员在采样平台上监测和维护设备的情况，预留通信接口，影像资料应至少保留3个月

10.6.2　排水污染源自动监控（监测）系统现场端技术要求

1.排放口的设置

① 排放口环境保护图形标志牌的设置应符合GB 15562-1995.1的要求，其他的设置应符合《水污染源在线监测系统安装技术规范》（HJ/T 353-2007）及各级环境保护主管部门的相关要求。

② 废水可以通过矩形、圆管形及梯形的管道或明渠方式排放，管道或明渠宜选用混凝土、陶瓷、钢板、钢管、玻璃钢和塑料等具有防腐及易清洁的硬质材料。

③ 对于存在倒灌等影响流量监测的情况，排放口在建设时应确保特殊时期也能顺畅排水。

④ 管道式排放废水的，应在管道上安装取样阀门；明渠式排放废水的，排放口上游应有一段底壁平滑且长度大于渠道宽度5倍的平直明渠。

⑤ 排放口设置在地下时，污水面距地面大于1m时，应设置取样台阶，每级台阶高度应为0.15～0.2m，向下倾斜坡度不得大于45°，宽度不应小于0.6m。

2. 监测点位置的设置

① 监测点位置的设置应符合HJ/T 353–2007中关于监测点位置的要求。

② 监测点设置应避开有腐蚀性气体、较强的电磁干扰和振动的地方，应易于到达，且保证采样管路不超过50m。采样点位置应有足够的工作空间和安全措施，便于采样和维护操作。

③ 对于管道式排放废水的情况，监测点位置应设置在封闭式管道前；对于明渠式排放废水的情况，监测点位置应设置于明渠测流段上游，采样口应设置在距水面0.1～0.3m以下，距渠底0.2m以上的位置，不得贴近渠底。通过明渠方式连续排放废水的水位小于0.5m时，应采用翻水井方式采样。

④ 合流排水时，采样点位置应设置在合流后充分混合后的位置，且避开紊流气泡区域。

3. 测流段的建设

① 应在总排放口上游能对全部污水束流的位置，根据地形和排水方式及排水量大小，修建一段特殊渠（管）道的测流段。

② 通过泵排水的，应加装缓冲堰板，使水流平稳匀速流入堰槽。

4. 采样管路的建设

① 根据废水水质选择适宜的采样管材料，防止腐蚀和堵塞，不应使用软管。采样管路应进行必要的防冻和防腐。应对各采样管路名称、水流方向进行标识。

② 室外采样管路应离地架设或加保护管埋地。

5. 现场端设备的安装

（1）采样泵的选型及安装

① 应根据水样流量、水质自动采样器的水头损失及水位差合理选择采样泵。采样泵应一用一备，能保证将水样无变质地输送至水质自动采样器。

② 当采样点到仪器的水平距离小于20m、垂直高度差小于3m时，应选用功率不小于350W的潜水泵或自吸泵。

③ 当采样点到仪器的水平距离大于20m时，应选用功率为550~750W的潜水

泵或自吸泵。

④ 根据废水水质选择适宜材质的水泵，防止腐蚀和堵塞。

⑤ 固定采样管道与采样头或潜水泵之间应装有活接头，便于维护。

（2）流量计的安装

1）明渠流量计的堰槽的选型

明渠流量计堰槽的选型应符合表10-9的要求。

表10-9 明渠流量计堰槽选型技术要求

序号	堰槽类型	测量流量范围/m³·s⁻¹	流量计安装点位	堰槽
1	巴歇尔槽	$0.1 \times 10^{-3} \sim 93$	应位于堰槽入口段（收缩段）1/3处	堰槽上游宜大于渠道宽的5倍
2	三角形薄壁堰	$0.2 \times 10^{-3} \sim 1.8$	应位于堰坎上游3~4倍最大液位处	堰槽上游宜大于渠道宽的10倍
3	矩形薄壁堰	$1.4 \times 10^{-3} \sim 49$	应位于堰坎上游3~4倍最大液位处	堰槽上游宜大于渠道宽的10倍

2）明渠流量计的安装

为保证明渠水流能平稳进入堰槽，堰槽的中心线应与渠道的中心线重合。

堰槽内的水流态应为自由流。巴歇尔槽淹没度应小于临界淹没度；三角堰、矩形堰下游水位应低于堰坎。

堰槽内表面应平滑、尺寸准确、安装牢固、不得出现漏水现象，宜在堰槽旁设置静水井。

流量计传感器的安装应牢固稳定，有必要的防震措施。仪器周围应留有足够空间，方便仪器维护。

3）管道流量计的选型

管道流量计可选择电磁流量计或超声流量计，宜优先选择电磁流量计。根据日常排水量选择合适公称通径的流量计，优先选择能保证流体流速为1~3m/s的流量计。不能满足上述要求时，所选择的流量计的流体流速应为0.5~15m/s，确保日排水流量在流量计的量程范围之内。

电磁流量计的最大允许误差不得大于1.5%（满量程误差），超声流量计的最大允许误差不得大于2%（满量程误差）。

4）管道流量计的安装

管道流量计的安装位置应优先选择垂直管段，无垂直管段时，传感器安装位置管段与水平面角度应≥30°，应使污水流向为自下而上，保证管道污水满流。

管道流量计传感器安装位置应预留足够空间。

管道流量计的安装应避开震动及电磁干扰。

（3）在线监测仪的安装

在线监测仪的安装应符合HJ/T 353-2007的技术规定，采样管路不应出现吸附和堵塞现象。

对于电极法废水连续自动监测仪，电极探头应与探杆一体化且垂直水平面安装，便于探头上的沉积物清洁；对于光学法分析的连续自动监测仪，安装时应保证光路的准直，保证与废水接触的光学视窗的清洁。

10.6.3 监测站房的建设要求

1. 监测站房的整体建设

监测站房的建筑设计应满足在线监测监控功能需求且专室专用，应建设在远离腐蚀性气体的地点，并满足所处位置的气候、生态、地质、安全等要求。

① 独立设置的监测站房占地面积应满足不同监测站房的功能需要并保证仪器的摆放和维护，排气监测站房的使用面积应≥12m^2，长≥4m，宽≥3m。监测设备多于4台时，在监测站房设计之初应考虑增加面积，每增加一台仪器增加3m^2，以此类推；排水监测站房使用面积应≥15m^2，长≥5m，宽≥3m；监测设备多于5台时，在监测站房设计之初应考虑增加面积，每增加一台仪器增加3m^2，站房顶空高度应不低于2.8m。

② 监测站房的地面应平整、耐腐蚀、无震动，应保证所布管道中间不得有凸起或凹下，仪器附近无强电磁场干扰和腐蚀性气体影响。

2. 监测站房的结构

① 监测站房的基础荷载强度为2000 kg/m^2。

② 独立设置的监测站房可以采用砖混或钢混的结构，应具有防火阻燃、防潮、抗震和抗风能力。

③ 站房地面高度应根据当地水位和降雨量水平决定（一般站房地面标高为±0.25m）。

3. 监测站房的供电

① 监测站房的供电电源应能满足仪器运行的需求，供电电源电压在接至站房内总配电箱处的电压降应小于5%。

② 电源供电平稳。对于电压不稳定和经常断电的地区，宜使用功率匹配的交流电源稳压器，以保护仪器。电源线引入方式应符合国家标准。监测房室内管

线、分析仪器设备应和配电柜、仪表柜等保持一定的距离。

4. 监测站房的通风采暖

① 监测站房通风应满足自动监测的环境条件，应设计进风及出风排气扇。

② 监测站房的室内环境应为清洁、通风、干燥、空气相对湿度≤85%，室内温度应保持在18℃～28℃的环境。站房内应备有空调保证室内温度恒定，且空调要求具备来电自动复位功能，同时应当采取必要的保温措施。

5. 排水监测站房的给排水

① 给水

采样水：采用潜水泵或自吸泵等将被监测水样采入自动监测站站房内供仪器进行分析。

采水管：采水管路进入站房的位置靠近仪器安装的墙面下方，采水配管D1032，压力0.3kg/cm²，并设PVC或钢保护套管（D10150），保护套管高出地面50mm。

辅助用水：站房内引入自来水（或井水），必要时要加设高位水箱，且自来水的水量瞬时最大流量不大于3m³/h，压力不小于0.5kg/cm²，每次采样管路清洗用量不大于1m³。

② 排水

除分析废液外，多余的样品废水应排入采水点下游20cm的水面下或当地下水管网，排水管要求与采水管一致。

6. 监测站房的辅助设施要求

① 排气监测站房内应安装标准气体高压气瓶的固定装置；排水监测站房内应设置废液储存和回收装置以及多余样品回流入取样点措施。

② 站房内应配置不间断电源（UPS），电源容量不应小于10kW。

③ 有条件的地区可在站房内安装门禁系统和监控探头。门禁系统应与监控中心联网，监控探头的视角不得有遮挡，能清晰监控进出站房人员的情况以及运维人员操作自动监控设备的情况。

④ 监测站房内应配备防火、防盗、防渗漏器材。

⑤ 监测站房外应有雨水排出系统。

10.6.4 监测站房的布局技术要求

1. 基本要求

① 监测站房应建设在远离粉尘、烟雾、噪音、散发异味气体等地点，应避免通信盲区，电源电压应相对稳定。

② 监测站房应有对开窗户与排风扇，保障室内采光与通风，监测站房应设有文件柜，存放在线监测设备基本信息文件、设备运行记录等。

③ 进入站房内的管路或线路应标明相应的用途。

④ 规则制度应上墙且要美观大方，运维人员信息、联系方式、各在线监测仪工作原理、主要技术参数等。

⑤ 监测站房应划分功能区域，按规范进行地面标识。

⑥ 监测站房内应配有干粉或二氧化碳灭火器，以备电器或化学品燃烧灭火使用，灭火装置置于站房门口左右的位置。

⑦ 站房外应在醒目位置安装基站标识牌，应标注单位名称、排污口编号、站房编号、监控因子、设备厂家、运行单位名称等内容。

⑧ 有条件的地区可在监测站房外显著位置安装LED显示屏，实时公布监测数据。

2. 排气监测站房内布局

① 仪器的摆放应考虑操作方便性与设备检修方便性，并应充分利用室内面积。仪器左右两边距离墙应不小于600mm，后方距离墙应不小于900mm。

② 站房内应有专门的放置和固定标准气体高压气瓶的区域。

3. 排水监测站房内布局

① 试验台长不应小于1.2m，宽不应小于0.65m，高度0.8m左右，下部设置储物柜，存放危险化学药品。

② 仪器的摆放应考虑操作方便性与设备检修的方便性，并应有效利用室内面积。仪器左右两边距离墙不应小于0.6m，后方距离墙不应小于0.9m。

③ 站房内给水管道和排水管道应沿墙、柱、管道井等下方部位合理布置，不得影响人员通行，不得布置在遇水会迅速分解、引起燃烧、爆炸或损坏的物品旁以及贵重仪器的上方。

④ 进入站房内的管路或线路应标明相应的用途，进入站房的水路部分每根支管上应装有阀门。

10.6.5 安全防护的要求

1. 站房的防雷

（1）防雷直击

① 站房应设防雷直击的外部防雷装置，其保护范围应使得站房处于雷直击的防护区域内。

② 防雷直击的外部防雷装置应有合格的接地装置和良好的泄流通道，接地装置的接地电阻不得大于10Ω。

（2）防闪电感应

各类防雷建筑物除设防雷直击的外部防雷装置外，还应采取防闪电电涌侵入的措施。

① 防雷装置对于配电线路的要求：室外进、出电子信息系统机房的电源线路不宜采用架空线路，站房由T10交流配电系统供电时，引出的配电线路应采用T10-S系统的接地形式。

② 电源传输线路上电涌保护器的设置：进入站房的交流供电线路，在线路的总配电箱LPZ0A或LPZ0B与LPZ1区交界处，应设置Ⅰ或Ⅱ类试验的电涌保护器作为第一级保护；在配电线路分配电箱等后续防护区交界处，可设置Ⅱ类或Ⅲ类试验的电涌保护器作为二级保护；特殊重要的电子信息设备电源端口可安装Ⅱ类或Ⅲ类试验的电涌保护器作为精细保护；使用直流电源的信息设备，视其工作电压要求，安装适配的直流电源线路电涌保护器。

③ 电源电涌保护器应注意的事项：当电压开关型电涌保护器至限压型电涌保护器之间的线路长度小于10m、限压型电涌保护器之间的线路长度小于5m时，在两级电涌保护器之间应加装解耦装置。当电涌保护器具有能量自动配合功能时，电涌保护器之间的线路长度不受限制；电涌保护器应有过电流保护装置和显示功能。

④ 防闪电电涌侵入和外部防雷装置等接地共用接地装置，接地装置的接地电阻值应按接入设备中要求的最小值确定，接地电阻值不得大于4Ω。

⑤ 计算机设备的输入/输出端口处，应安装适配的计算机信号电涌保护器。

⑥ 系统的接地：站房内信号电涌保护器的接地端宜采用截面积不小于1.5mm²的多股绝缘铜导线，单点连接至站房局部等电位接地端子板上；站房的安全保护地、信号工作地、屏蔽接地、防静电接地和电涌保护器接地等均应连接到局部等电位接地端子板上。当多个计算机系统共用一组接地装置时，宜分别采用M型或Mm组合型等电位连接网络。

（3）安全防范系统的防雷与接地

① 置于户外的摄像机信号控制线输出、输入端口应设置信号线路电涌保护器。

② 主控机、分控机的信号控制线、通信线、各监控器的报警信号线，宜在线路进出建筑物雷直击非防护区（LPZOA）或雷直击防护区（LPZOB）与第一防护区（LPZ1）交界处装设适配的线路电涌保护器。

③ 系统视频、控制信号线路及供电线路的电涌保护器，应分别根据视频信号线路、解码控制信号线路及摄像机供电线路的性能参数来选择。

④ 系统户外的交流供电线路、视频信号线路、控制信号线路应有金属屏蔽层并穿钢管埋地敷设，屏蔽层及钢管两端应接地，信号线路与供电线路应分开敷设。

⑤ 系统的接地宜采用共用接地。主机房应设置等电位连接网络，接地线不得形成封闭回路。

⑥ 系统接地干线宜采用截面积不小于16mm²的多股铜芯绝缘导线。

（4）站房防雷接地材料

站房防雷接地材料主要有接闪器、引下线、接地装置。防雷接地施工方法见表10-10。

表10-10　防雷接地施工方法

序号	材料	施工方法
1	接闪器	① 若站房屋面为金属，则宜利用其屋面作为接闪器，金属板之间采用搭接时，其搭接长度不得小于100mm，厚度不小于0.5mm（注：金属泡沫夹心板不能作为接闪器，除非金属板厚度≥4mm）；金属板无绝缘被覆层； ② 若屋顶上有永久性金属，则将其作为接闪器，但各部件之间应连成电气通路，旗杆、栏杆、装饰物等的尺寸应符合要求。钢管的壁厚不得小于4mm。除利用混凝土构件内钢筋作接闪器外，接闪器应热镀锌或涂漆。如所处环境有较强腐蚀性，尚应采取加大其截面的方法或其他防腐措施
2	引下线	① 引下线应沿建筑物外墙明敷，并经最短路径接地； ② 建筑物的消防梯、钢柱等金属构件宜作为引下线，但其各部件之间均应连成电气通路； ③ 采用多根引下线时，宜在各引下线上距地面0.3~1.8m装设断接卡； ④ 在易受机械损坏和防人身接触的地方，地面上1.7m至地面下0.3m的一段接地线应采取暗敷或镀锌角钢、改性塑料管或橡胶管等保护设施
3	接地装置	① 人工垂直接地体的长度宜为2.5m。人工垂直接地体间的距离及人工水平接地体间的距离宜为5m，当受地方限制时应适当减小。人工接地体在土壤中的埋设深度不得小于0.5m； ② 接地体应远离由于砖窑、烟道等高温影响土壤电阻率升高的地方； ③ 在高土壤电阻率地区，降低防直击雷接地装置接地电阻宜采用以下两种方法：一是采用多支线外引接地装置，外引长度不得大于有效长度；二是接地体埋于较深的低电阻率土壤中，采用降阻剂或换土； ④ 防直击雷的人工接地体距建筑物出入口或人行道不得小于3m。当小于3m时应采取下列措施之一：一是水平接地体局部深埋不得小于1m；水平接地体局部应包绝缘物，可采取50~80mm的沥青层；二是采用沥青碎石地面或在接地体上敷设50~80mm厚的沥青层，其宽度应超过接地体2m。埋在土壤中的接地装置的连接应采用焊接方式，并在焊接处进行防腐处理，接地装置工频接地电阻应符合《工业与民用电力装置的接地设计规范》的要求

2. 站房、仪器设备的防潮与防腐蚀要求

站房底部做一体化施工，整体符合防渗、防潮、防裂、防冻要求，整个钢制底架部分喷涂防锈油漆。

3. 管路的防护与安装

所有废气、废水管路严禁泄漏或擅自增加旁路，电气线路严禁擅自增加旁路和接入或接出点。

① 从探头到分析仪的整条采样管线的铺设应采用桥架或穿管方式，管线倾斜度不得小于5°，为防止管线内积水，应在每隔4～5m处固定。完全抽取式烟气CEMS的伴热管伴热温度不应低于120 ℃。

② 电缆桥架安装应满足最大直径电缆的最小弯曲半径要求。电缆桥架的连接应采用连接片连接。配电套管应采用钢管和PVC管材质配线管，其弯曲半径应满足最小弯曲半径要求。

③ 电缆的敷设应将动力与信号电缆分开敷设，保证电缆通路及电缆保护管的密封，自控电缆敷设应符合输入、输出分开，数字信号、模拟信号分开的敷设要求。

④ 各连接管路、法兰、阀门封口垫圈应牢固完整，不得有漏气现象。

⑤ 电气控制和电气负载设备的外壳防护应符合《外壳防护等级（IP代码）》（GB 4208-2008）的要求，户内防护等级达到IP24级，户外防护等级达到IP54级。

⑥ 安装管路前，管路相连的设备应安装完毕并符合安装要求。

⑦ 排水管道各零件及阀门需经检验部门检验合格、核查无误后才可进行，管道内部的杂物应被清理干净。

⑧ 安装法兰、管道连接处及其他连接件应便于检修。管道敷设高度不一样的，宜由低到高依次敷设；管道需穿越道路、墙或其他建筑物的，应加套管或砌涵洞保护。按照图纸规定的数量、规格、材质、配组成件，并标号。安装管道完毕，应试水进行压力测试。室外管路应离地架设，或加保护管理地。

⑨ 对于北方地区，采样管路应深埋至冻土层下，外套多层保温套管，两端密封，宜使用电伴热管道以保证冬季不结冰，并在管道最低点设排空阀。夏天管道的良好保温或系统停运后自动排空，对于系统管道内抑制藻类生长有着良好的效果；冬天因故停运时应开启排空阀将系统存水放空。

4. 防爆和防火

① 现场端的安装应满足所处场所的防爆和防火级别要求。

② 易燃易爆品的使用和管理应由受过专业培训的人员负责，做到专人专责；应制订易燃易爆品管理制度并确保严格执行，无关人员不得随意使用和触碰易燃

易爆品。

③ 固定放置标准气体高压气瓶等易燃易爆容器，不得在规定区域外随意摆放。

④ 站房内不得存放与设备使用和操作无关的易燃易爆品。

⑤ 站房内应配备必要的消防器材。

5. 系统的防鼠虫害

系统的防鼠虫害措施见表10-11。

表10-11　系统的防鼠虫害措施

序号	类别	防治措施
1	防鼠	① 地下道和排水沟：切断鼠类从地下管道到地面和建筑物中的通道，地下道口要加装防鼠设施； ② 隔板或使用6mm×6mm不锈钢丝网封堵，留有缝隙的排水沟盖板下面一律铺设6mm×6mm不锈钢丝网； ③ 窗户和通气孔：加装60mm×60mm不锈钢丝网封堵； ④ 门和门框要密合，缝隙要小于60mm。重点场所使用木质门的，要在门的下部镶30mm高的铁皮踢板。门上的气窗要安装铁纱网防鼠。如因地面不平而使门缝超过60mm时，应加设5cm高水泥或金属门坎，门坎与门之间的缝隙小于60mm； ⑤ 离地面距离小于0.3m的雨水落管的下端需增加防鼠网，防止鼠类从管内攀行； ⑥ 墙壁上的小洞可用4份沙加1份水泥的混合物填补堵塞。大洞可用4份碎石（直径20mm）、2份沙、1份水泥的混合物堵塞； ⑦ 砖水墙要抹600mm高的水泥墙围，或在地面以上600～750mm处用水泥抹150mm宽的防鼠带，防止鼠类攀登，夹屋墙的下部要填塞水泥块、砌砖或镶钉铁皮防鼠； ⑧ 在建筑物内部布置防鼠设施，当室内发现鼠类时，要注意消除一切可被鼠类利用的隐蔽场所
2	防蟑螂	① 仔细检查下水沟、墙上的裂缝、地板隔及窗户，防止蟑螂进入； ② 保持室内干燥，蟑螂多生活在潮湿的环境中，因此应注意不要有任何漏水的地方； ③ 保持室内清洁，在清洁、干燥的环境中，蟑螂的生长会受到限制； ④ 处理死的蟑螂：应集中烧毁蟑尸和卵鞘

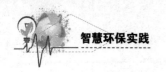

序号	类别	防治措施
3	防蚊蝇	① 完善防蚊蝇设施如纱窗、纱门、风帘、粘蝇条、灭蚊蝇灯等； ② 清除蚊蝇生长地：垃圾桶应密闭有盖，外观清洁，桶内套垃圾袋，实行垃圾袋装化，日产日清，并要特别注意桶内不能有残留淤积物

6. 废液处理和处置

① 在线分析仪器产生的废弃物，属于危险化学品的，应按照《危险化学品管理条例》的规定收集储存，并交由有资质的单位处置。

② 监测仪器废液应按规定收集，桶上应明确进行标识，酸碱溶液应分桶盛放。

第11章

环保应急指挥系统建设

缺乏突发事件应急指挥系统的支撑，在突发事件的应急处理上，往往容易出现人力、物力缺乏统一调度，信息、数据交换速度缓慢，决策、指挥缺乏客观支撑，现场处置人员缺乏对整体应急预案的了解及操作流程的指导等问题。一个设计完善的应急指挥系统能够通过数据库和信息管理在突发事件之前、之中、之后提高决策水平，提高效率降低成本，使减灾更为便利快捷。

环保应急指挥系统是指政府及其他公共机构在环保突发事件的事前预防、事发应对、事中处置和善后管理过程中，通过建立必要的应对机制，采取一系列必要措施，保障公众生命的财产安全。应急指挥系统可以全面地提供如现场图像、声音、位置等相关数据，及地理数据和地图的存储、管理、应用和分析于一体，它能够使各种空间数据图形化、信息化，该系统能为政府部门决策提供重要的地理信息参考。

11.1 应急指挥系统的由来

应急指挥系统是指针对事件应急处理所开发出来的一套软件系统，该系统集成了一种或多种突发性事件行之有效的应急预案。这套软件系统可以在危机事件发生时为决策人提供紧急的决策支持，并通过多种高科技通信手段进行指令信息传递和布达的一种控制系统。

11.2 突发环境事件应急指挥系统的功能

突发环境事件应急指挥系统的功能是实现突发环境事件应急指挥的全方位管理。在事件发生的不同阶段，事件处理的不同层次，应急指挥系统所需发挥的作用也有所不同。

11.2.1 预防

预防是进行突发环境事件应急处理的基石，其相关工作也是应急指挥系统的基础。为配合预防阶段的工作，应急指挥系统在此阶段应具备以下功能：

① 涵盖重点污染源及危险源的静态隐患数据库；

② 涵盖危险源产生、贮存、运输、销毁全过程的动态隐患数据库；

③ 基于静态隐患数据库和动态隐患数据库的事件高发区域管理功能；

④ 事件高发区域环境质量的在线监测和视频监控功能；

⑤ 环境模拟仿真功能；

⑥ 社会基础信息数据库（包含人口、建筑、道路、水系、机构等）；

⑦ 基础地形地貌数据（GIS方式）；

⑧ 气象水文数据；

⑨ 应急处理所需物质和装备的统一管理；

⑩ 一般应急事件基础知识的培训和自我学习。

11.2.2 预警

预警意味着突发环境事件应变的启动，其工作重心是尽可能早地获取事件发生的信息，争取事件处理的主动，对预警级别进行有效管理。因此，应急指挥系统在此阶段应当具备以下功能：

① "12369" 环保热线电话以及环境保护网站的集成，是拓展环境事件预警信息的主要来源途径；

② 环境质量在线监测和视频监控异常情况的报警；

③ 预警此阶段的管理包括预警信息的确认、分析及初步级别判定，预警信息的初报，相应组织机构的建立及人员通知。

11.2.3 准备

准备阶段的工作主要是在突发环境事件信息基本清晰的基础上，进行事件续报，调动各环境应急救援队伍进入现场，发布预警公告，进行必要的应急活动和资源调配，为下一步具体的应变工作做好充分的准备。应急指挥系统在此阶段应当具备以下功能：

① 预警级别的核实及预警公告的发布；

② 事件情况的续报；

③ 初期应变方案的形成和实施；

④ 环境应急资源的调度和指挥。

11.2.4 应变

应变工作是应急处理工作的核心，它需要针对事件的发生情况做出正确决策和应急处置，力争通过正确的决策，果断执行，将突发环境事件造成的负面影响降到最低程度。应急指挥系统在此阶段应当具备以下功能：

① 现场处置人员的知识支持；

② 环境应急资源的调度和指挥；

③ 突发环境事件跟踪处理；

④ 事件发展情况的信息报送和发布；

⑤ 相关部门的紧急联动；

⑥ 现场处置情况的远程指挥。

11.2.5　恢复

恢复部分的工作主要是降低突发环境事件造成的负面影响，做好受灾人员的安置，开展受污染生态环境的修复，进一步加强和完善应急响应能力。应急指挥系统在此阶段包括以下功能：

① 应急事件处置情况的分析、评估；

② 应急事件全过程的资料归档及演变分析；

③ 修复方案的管理等。

11.3　环境事件应急指挥系统的角色

在突发环境事件应急处理中涉及的人员角色众多，应急指挥系统均应为其提供所需的服务，具体见表11-1。

表11-1　环境事件应急指挥系统的角色

序号	角色	说明
1	整体决策者	需要随时掌握事件的发展情况，基于环境模拟仿真和专家意见做出整体决策，进行有关信息的统一管理和发布，对各种应急资源进行统一调配和指挥
2	现场指挥者	接收现场处置人员报送的信息，综合掌握现场事件发生情况的资料，迅速向整体决策者汇报，并根据决策者的指令指挥现场处置人员处理事件，向整体决策者实时反馈事件处理的情况
3	现场处置人员	利用知识库迅速判断事件发生的污染物类型、含量、危害和处置措施，将有关情况迅速报送现场指挥者，根据统一的部署处理事件
4	社会人群	平时能够获取突发环境事件的应对知识，发现预警信息后能够方便报告，掌握一般突发环境事件的应对原则，假如处于事件影响区域内也能够及时获取事件发展情况和个人应对指引

11.4 环境污染多级应急管理 指挥系统的构建

11.4.1 环境污染应急管理指挥系统的现状

近年来，国内各行业安全工作的模式正在向国际普遍采用的方式——"重大危险源、事故隐患辨识、监控、预警、应急预案的体系建设、新技术应用"靠近。但是总体说来，我国还没有形成明确、统一的应急体系。而且我国的重大环境污染事件的应急救援力量分散于多个部门，如公安、消防、化工企业消防力量、环保、应急抢救等，这些部门又根据自己的灾害特点建立了相对独立的应急模式。这些救援力量在指挥和协调上仅局限于各自领域，没有建立相互协调与统一指挥的工作机制。由于应急力量分散，当发生重特大污染事件时，仅仅依靠某一部门的应急力量和资源往往是十分有限的，而临时组织应急救援力量往往存在职责不明、机制不顺、针对性不强等问题，难于协同作战，发挥整体救援的能力。因此集成已有系统、避免重复建设、捋顺应急管理流程、构建一个新型的多级应急管理指挥系统对解决产业集聚区的重大环境污染事件应急管理指挥有十分重大的意义。

11.4.2 应急管理指挥系统的内容

在组织结构上，应急管理指挥系统应实行一元化领导，统一指挥，严格层级节制，其机构类似于军事指挥系统；在管理手段上，应急管理指挥系统主要通过命令、许可、强制等手段实现应对危机的目的。因此，应急管理指挥系统应主要包括以下几部分内容。

1. 应急管理指挥系统的设置

应急管理指挥系统应该明确危机发生后，由哪个部门负责指挥和协调其他部门做好应急状态中的具体工作，在辖区内设置几级应急组织，应急组织各自的职责是什么等。

2. 危机识别监控预警系统

该系统能够在重大环境污染事件爆发前识别各种突发性事件，及时处理可能发生危机的信息、情报，并做出科学的预测与判断，分析危机发生的概率，以及对危机爆发后的正确评估和措施。

3. 信息报告与发布系统

信息报告与发布是政府和公民掌握和了解危机事件有关情况的渠道，正确的决策建立在掌握准确信息的基础上，信息报告与发布系统必须能够快速、真实、准确地反映突发事件或紧急状态的客观情况。

4. 危机处置与决策系统

在重大环境污染事件发生时，应急管理指挥系统能够迅速结合预案，考虑所有主体内外部可能的资源和救援力量，科学决策，有效应对，必要时政府可依据法律启用行政紧急处置权利。

图11-1为重大环境污染事件多级应急管理指挥系统的组成。

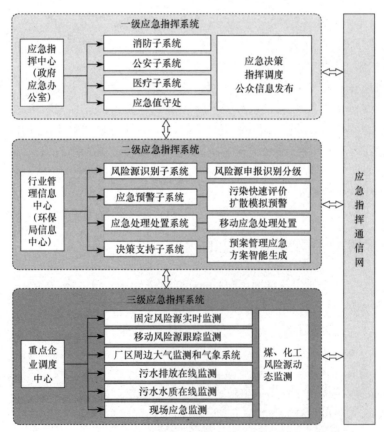

图11-1　重大环境污染事件多级应急管理指挥系统的组成

11.5 智慧化应急管理指挥信息系统构建

智慧化应急管理指挥信息系统整合了现有企业、中心等的监测子系统，搭建了GIS、风险源申报、预警、应急决策支持等子系统，并集成开发了应急指挥系统的应用软件。该系统采用基于SOA和Web Services等的技术规范架构，以B/S为主，兼顾C/S（复杂科学计算等）。这种架构可实现支持异构的、易于扩展的、可复用的数据交换平台，在不影响现有部门系统正常使用的前提下，保证数据交换的高效性和可靠性，并且不增加原有业务系统的复杂度，从而解决各应急子系统间互通互联的问题。

11.5.1 智慧化应急管理指挥信息系统的架构

智慧化应急管理指挥信息系统的架构如图11-2所示。信息系统可分为硬件层、数据层和表现层3个部分。

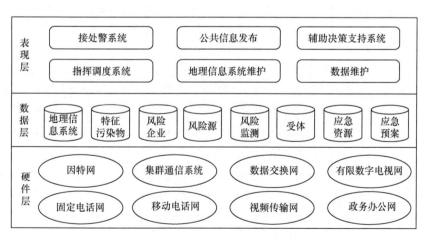

图11-2 智慧化应急管理指挥信息系统的架构

硬件层主要包括保持系统和每个节点运行的网络设施及物理设备。数据层提供各基础数据和业务数据。此外，数据层还提供事务处理服务，如数据、信息交

换和信息集成的一体化存储。各种应用服务（包括接处警、公共信息发布、辅助决策、指挥和调度、地理信息系统、数据维护）作为表现层的核心，可由不同的服务模块来实现。

11.5.2 环保应急指挥系统的功能模块

环保应急指挥系统应具备以下功能模块，具体见表11-2。

表11-2 环保应急指挥系统的功能模块

序号	功能模块	说明
1	应急指挥管理	针对各种突发事件，结合应急事件管理，对与应急指挥的全过程进行系统化、全面化的管理，并采用流程化、分步骤的模式，应急事件处置过程被分成多个步骤进行。应急救援信息资源被获取、整合、处理、传递与利用，并为事件的预测预警、事件研判、指挥调度、领导决策、后期分析与评估等过程提供有效的管理和辅助决策
2	应急事件管理	以突发事件为核心，以事件触发为系统工作模式，针对突发事件进行系统化管理，这与应急指挥管理密不可分，互为一体，当应急指挥管理被启动时，应急事件管理也随之启动，其运行在后台，管理过程贯穿整个事件的生命周期，跟踪事件的处置过程，对以发生过的事件备案、归纳
3	应急知识库	包含应急、环境、安全生产、安全防护、应急演练等多方面的系统信息数据，它就是一个全面的知识库。该知识库同时保存有关资源规划、统计、运筹和其他定量的方法与模型。其重点实现化学事故的模拟与危险性分析，为应急指挥决策提供数据支持
4	应急预案管理中心	实现突发事故应急预案的数字化与动态化，包含三大类相关预案和联动应急预案，在平台上以图、文、动态交互的方式表示应急预案，实施应急预案的可视化实战指南
5	应急资源管理	主要管理应急体系中直接相关和间接相关的应急资源，该资源管理分为人的管理和物资资源的管理两部分
6	风险评价分析	针对固定的和移动的危险源的特性，建立危险源信息库，并对其信息进行管理
7	案例数据中心	有效管理了事故案例的前期处置、应急处理、应急结束、后期处理等各阶段的信息
8	灾后评估分析	管理事故应急结束后的安全生产建设。我们通过对恢复与重建信息的管理与分析，评估残余价值和重建前景价值，积累经验，这将更好地预防和处置类似事件

（续表）

序号	功能模块	说明
9	应急模拟演练	贯彻"平战结合"的原则，借助系统的功能，日常进行模拟演练，做到"不打无准备之仗"，我们在演练中结合流程，充分模拟突发事件的全过程，演练全部细节，使指挥中心、现场人员与移动指挥中心三位一体，迅速决策、快速处置，高效率、低损失地完成应急事件的处置

四川环境应急项目系统功能

四川环境应急项目系统功能覆盖"事前预防、应急准备、应急响应、事后评估"各阶段业务，该系统能让环保部门及时掌握全省基本信息和环境应急物资储备现状等，实现"四个清楚"，即"环境风险点源清楚、环境应急处置方式清楚、环境应急物资储备情况清楚、流域和区域环境敏感点位清楚"。

四川环境应急项目主要完成以下10个子系统的建设工作。

① 环境风险源动态管理系统。建设风险源综合数据库、危险化学品动态数据库和环境敏感目标信息库的管理系统。

② 环境应急资源动态管理系统。建立应急信息资源目录，进行应急人员管理、应急机构管理、应急物资管理、应急设备管理、应急监察车辆管理。

③ 环境应急处置技术库管理系统。建立标准法规库、参考案例库、应急预案库等并进行动态管理。

④ 环境应急预警系统。系统功能包括应急数据收集管理、应急值守管理、风险预警管理、事件甄别、应急预案启动。

⑤ 环境应急处置系统。该系统包括应急现场调查、现场监测和信息发布等功能。

⑥ 环境应急辅助决策系统。该系统包括事件溯源、大气/水污染扩散模型分析、确定事故等级等辅助决策功能。

⑦ 环境应急演练系统。该系统包括环境应急演练事件信息管理、环境应急演练事件流程信息管理和环境应急演练展示等功能。

⑧ 环境应急事件评估系统。该系统主要对已归档事件进行事后评估，包括接警信息评估、信息报告评估等功能。

⑨ 环境应急信息门户。该系统包括单点登录、各业务系统访问、业务数据统计等功能。

⑩ 环境风险源图形化管理系统。该系统包括84家重点风险源厂区专题图、重点风险源360° 全景影像展示和1家重点风险源的三维地图，并实现360° 全景影像与二维地图的联动。

某方案提供商的环境应急管理与指挥决策系统解决方案

突发环境事件应急响应系统被建立后，可以在发生污染事故时，基层环保部门甚至公众通过网络报告发生污染事故基本情况，及时通报相关部门并向上级报告。已有应急资料及应急响应系统快速地处理、判断和分析，抓住宝贵的前期准备时间，有的放矢，准确地开展应急监测和跟踪监测，基层环保部门提出切实可行的污染事故处理处置的措施和建议，有效地为政府主管部门提供更加及时、完整的处理污染事故的决策依据。及时向社会公众发布有关信息，以便公众能尽快地采取防范措施，减少污染损害和人员伤亡。

1.业务需求

环境突发污染事故主要由环保局监察部门负责处理，其在突发环境事件应急响应中所承担的任务如下。

① 及时掌握相关信息。环保局要及时了解、掌握环境突发事故的有关信息，建立环境安全预警系统。当接到预警报告时，相关人员应迅速采取应急措施，并到现场处置工作，还要立即将有关情况上报上级有关部门。

② 该部门应迅速展开应急监测，判明事件性质和危害程度。环境应急与事故应急中心要组织事发现场环境监察和环境监测部门迅速鉴定、识别、核实污染物的种类、性质、危害程度及受影响范围和边界，并将有关情况及时上报。

③ 现场处置工作组指挥应急监测。分队和事发地周边各级环境监测站对可能被染的空气、水体和土壤展开应急监测和全过程动态监控，进一步判定污染物的种类、性质，随时掌握事态的发展变化情况。根据监测情况，工作组提出相应的处置建议，由环境应急指挥中心确定封锁和疏散的区域。

④ 迅速开展现场处置和救援工作。现场处置工作组应调集并指令环境

监察队伍等环境应急力量采取现场紧急处置，参与现场救援工作。

⑤ 恢复社会秩序，及时进行环境安全后评估工作。处置工作结束，并确认已基本消除危险，受污染的环境基本恢复，环境应急指挥中心做出终止处置行动的决策。

环保局会同有关专家和其他相关单位及有关地方机构对突发环境事件进行全面地分析研究，评估环境危害程度及中长期环境影响，考评指挥效能和实际应急效能，总结经验教训，进一步完善应急方案。

2.环境应急管理与指挥决策过程描述

环境应急管理与指挥决策过程如图11-3所示。

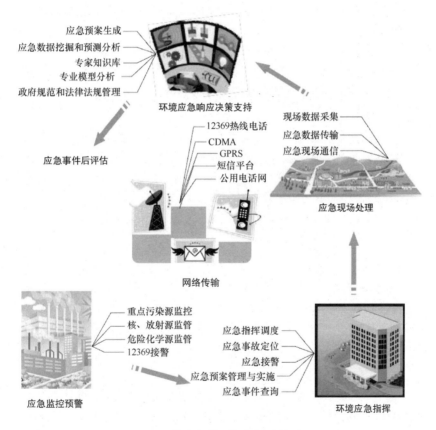

图11-3 环境应急管理与指挥决策过程

3.系统功能简介

（1）应急数据中心

该中心负责存储应急项目的所有环境信息、资源信息、统计信息、地

理信息等，它是以下所有子系统的数据基础。同时，数据中心还提供信息资源目录管理、共享交换服务、数据查询和浏览服务等各种基础的信息管理和服务功能。

实现对应急基础数据信息的管理，包括对应急机构、应急人员、应急指挥车、流动应急监测车、应急物资、应急预案、环境专家、危险品、隐患源（涉氯单位、加油站、危废产生单位、化工生产企业）、事故影像图片的管理，以及对其日常监测和检查的数据管理等。

（2）空间信息平台

该平台提供地图的显示、制图和分析等功能，为应急决策和指挥调度提供支持，为监控预警、指挥调度、后评估和决策支持子系统提供空间信息访问接口。

（3）应急监控预警子系统

该子系统负责完成突发环境事件信息的采集和预警，是应急处理流程的第一步，预警之后转入应急指挥调度子系统，同时会通知事件相关人员，发布事件相关信息。

环境应急监控预警子系统主要实现与重点污染源在线监控、核与放射源的监管、危险源监管及与12369报警热线的连接，监控和预警环境污染事故发生的源头。

（4）应急指挥调度子系统

该子系统负责突发环境事件处理过程中的指挥调度工作，该系统是应急系统的核心，负责全部应急方案的实施工作，尤其是事件处理过程中的指挥命令下达和资源调配工作。

应急指挥调度实现对污染事故的应急进行指挥和管理。收到污染事故报警后，应急指挥调度需要立即确定是固定源、移动源还是未知源；确定事故的危险品，了解其相关信息；查找处理专家、组织应急监测人员和设备、根据现场实时传回的数据进行指挥。

（5）应急现场处置子系统

该子系统负责实现环境污染事故现场情况数据的采集、传送以及维护，包括事故现场的视频数据、图像数据、污染物监测数据等，将实时监测信息及时传送给指挥中心，为事故的处理提供可靠的信息。

应急现场处置子系统重点实现现场实时数据传输回指挥中心，指挥中心与现场应急机器间数据传输两个功能。根据事故应急管理单位的通信条件可以采用多种实施传输方式，包括利用GPRS/CDMA无线传输、利用卫星专网传输。

（6）应急响应决策支持子系统

该系统负责深入分析突发环境事件的相关信息，帮助指挥人员、国家环保总局工作人员进行态势评估，并结合历史环境事件处理的实际情况给出突发环境事件处理的参考意见。

对于已知的风险源，该子系统对其建立预测模型以预防事故的发生；对于已经发生的事故，该子系统利用污染物的2D和3D等扩散模型，预测和模拟污染事故的发展动态，为决策人员提供辅助支持。

（7）应急事件后评估子系统

该子系统负责在突发环境事件终止后对突发环境事件处理过程进行综合评估并根据环境污染情况确定环境恢复方案，该子系统是应急事件处理的最后一步，完成之后会将本次事件的相关信息归档，整理进入案例库，为日后类似事件处理提供参考资料。

4.系统特点

本环境应急系统融合了有线通信、无线通信、数据库、全球定位系统（GPS）、地理信息系统（GIS）、计算机辅助调度、信息技术网络等多种技术，集语音、图像、数据信息传输为一体。系统将各种信息集成起来，迅速传递到应急指挥中心，使它能够进行科学的决策。在应急指挥中心里，既有危险源、危险品、环境专家、监测部门分布的信息，也包括了环境应急部门、其他相关部门的信息和资料。这样，一旦应急指挥中心接到报警，系统会立刻根据事故现场周边的应急服务资源分布状况，调用预先存储预案或参考历史案例，制订相应的处理方案，并指挥有关监测人员迅速到达现场，实施实时监测，为事故处理提供科学的依据。

本系统能够使指挥者了解辖区内各种基础地理信息和社会经济信息及其在城市空间的分布，应急服务资源分布状况、相关的抢险救灾基础城市信息，如城市的重点保护目标、救灾物资的分布、各交通要道、疏散地点等；并能掌握为防患于未然而做的人口疏散计划、防护计划、防护范围、通信保障计划、物质保障计划等。用先进的科学技术把事故应急响应的工作信息化、数字化。

第三篇
案 例 篇

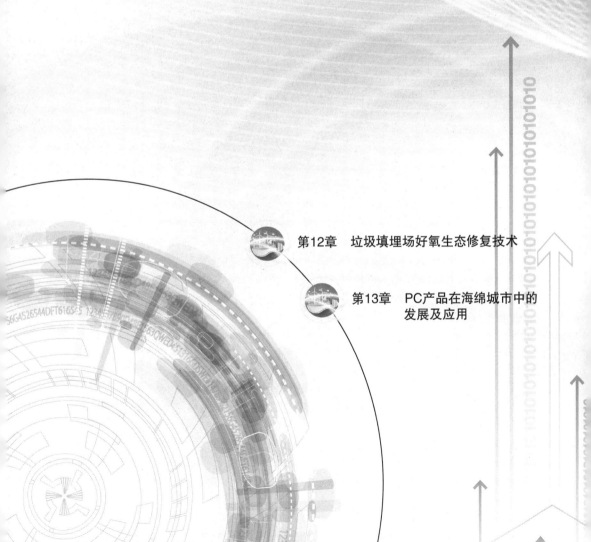

第12章

垃圾填埋场好氧生态
修复技术

12.1　公司简介

武汉景弘环保科技股份有限公司成立于武汉东湖新技术开发区，注册资本1.38亿元，是新三板系统成分指数样本股，股票代码为430283。公司涉足大气污染、水污染防治、固体废弃物处理处置3个环保领域，通过立足自身核心技术研发，为用户提供综合治理一体化解决方案。

公司拥有环境工程（大气污染防治工程、固体废弃物处理处置工程、水污染防治工程）专项乙级设计资质和环保工程专业承包贰级资质。公司的主营业务主要有环保工程咨询、环保工程设计、环保工程总承包、环保设备设计制造及安装、环保设施运营及管理。

景弘环保作为综合型高新技术企业，拥有30余项具备自主知识产权的专利，其中研发的多项环保领域关键技术达到国际先进水平，包括垃圾填埋场好氧修复技术（依托国家"863"计划）、治理PM2.5的"静电激发袋式除尘技术及设备"、同香港科技大学合作联合研发的新型污水处理"SANI技术"等。

景弘环保拥有一支高素质的管理和技术团队，该团队有丰富的大型建设工程管理和项目实施经验。同时，公司有强大的融资能力和融资背景。作为在全国企业股份转让系统公开挂牌的上市公司，景弘环保可以通过资本市场发行股票、公司债券、通过海外金融机构发行债券等途径进行融资。

景弘环保注重人才的培养和引进以及企业文化和团队建设。"呵护碧水蓝天，捍卫景秀家园"是景弘环保不懈的追求，景弘环保志在把更多更好的环保新技术、新产品、新服务带到客户身边。

12.2 技术简介

12.2.1 技术原理

　　好氧生态修复技术是一种在好氧条件下加速垃圾的生物降解，以达到对垃圾填埋场生态修复目标的成套技术。

　　好氧生态修复技术的基本原理是将垃圾填埋场视为一个巨大的容器，在填埋堆体中埋设注气井、注液井和排气井，使用高压风机，通过管道和注气井，向垃圾填埋场中注入空气，空气中的氧参与垃圾中有机质的降解反应，在氧气和水的参与下，通过以好氧为主的生物反应、生物化学反应、化学反应和物理作用，使垃圾中的可降解有机物快速降解，同时将收集的渗滤液和其他液体回注至垃圾堆体，堆体中的有机物在适宜的含氧量、温度、湿度条件下，经好氧微生物的作用快速降解，垃圾达到稳定状态，缩短垃圾分解的时间，大幅度降低垃圾中的污染物浓度，消除其对环境的污染。

　　在好氧修复的过程中，垃圾填埋场产生的气体主要是二氧化碳。垃圾堆体中的二氧化碳等气体被排气并排除，并带出好氧反应产生的热量。垃圾渗滤液不外排，通过回灌直接消耗在垃圾填埋场中，对环境不产生危害。治理结束后，产生无污染环境的气体和渗滤液。图12-1为好氧生态修复技术原理。

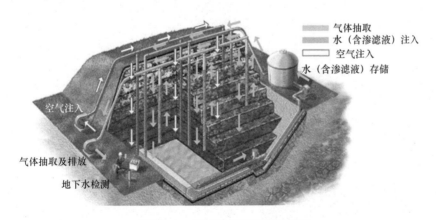

图12-1　好氧生态修复技术原理

12.2.2　系统结构

好氧生态修复技术系统主要由控制系统、监测系统、气体系统、液体系统、动力及辅助系统5部分组成。

好氧生态修复技术系统结构如图12-2所示。

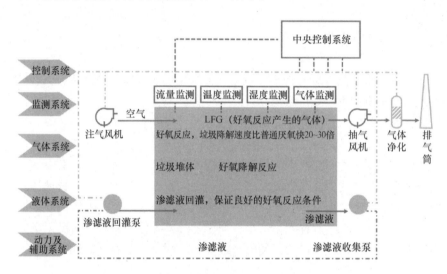

图12-2　好氧生态修复技术系统结构

12.2.3　技术特点及优势

好氧生态修复技术的特点及优势见表12-1。

表12-1　好氧生态修复技术的特点及优势

序号	特点及优势
1	修复周期短，将常规厌氧降解30～50年的时间缩短到2～3年
2	渗滤液回灌，降低了渗滤液排放负荷和处理费用
3	修复过程没有二次污染，封场后无需维护
4	工程建设周期短，主体工艺设备模块化集成，可重复使用在其他项目，降低了建设投资
5	垃圾填埋场经好氧生态修复技术治理并建设成公园等设施后，大大提高了周边土地的利用价值

12.3 应用场景

12.3.1 垃圾污染现状

随着国民经济的发展、城市人口的增加、城区面积的扩大，我国城市生活垃圾产生量保持稳步增长的趋势。根据2007年统计数据，中国城市生活垃圾产生量为1.6亿吨。在城市生活垃圾的处理方式中，填埋、堆肥、焚烧和其他分别占垃圾量的76.3%、2.6%、12.1%和9.0%，因此垃圾填埋是我国生活垃圾处理的最主要方式。

12.3.2 垃圾填埋场存在的问题

当前，直接填埋仍然是城市生活垃圾处理的主要方式。一方面，随着城市化不断发展，城市人口不断增加，生活水平不断提高，填埋城市生活垃圾用地需求不断增加；另一方面，城市用地也越来越紧，地价也越来越高。如何节省城市的重要资源——土地，是当务之急，大势所趋。而污染土地再开发利用，创造其最大利用价值是政府部门更关注和迫切需要解决的问题。

没有经过处理的垃圾场，特别是非正规填埋场对大气、地下水和垃圾场附近的土地造成严重污染，对环境和社会造成负面影响，其主要表现如下。

（1）大气污染

填埋场在厌氧条件下会产生大量的填埋气体，其成分主要为甲烷（CH_4）和二氧化碳（CO_2），还有少量的氢气（H_2）、氮气（N_2）、硫化氢（H_2S）等气体。

产生温室效应。甲烷（CH_4）气体是潜在的温室气体，会导致生态失衡，对臭氧层的破坏是CO_2的40倍，产生的温室效应比CO_2高20倍，它对全球变暖的危害仅次于CO_2，居第二位。

存在爆炸隐患。当沼气浓度达到爆炸极限（甲烷气5%～15%与空气混合）时，一旦遇到明火就会发生爆炸，对周围环境和人员构成威胁。

填埋气体还会产生臭气，污染空气，对人体健康造成危害。填埋气的恶臭气味会引起人的不适，其中含有多种致癌、致畸的有机挥发物。这些气体如不采取适当措施加以回收处理，而直接向场外排放，会对周围环境和人员造成伤害。由于垃圾降解产生填埋气稳定、产气时间较长，可达到十几年甚至几十年，因此，即使封场后仍然会对场地上的建筑物和人员造成威胁。

（2）水污染

垃圾填埋对水产生的污染主要来自于垃圾渗滤液。这是垃圾在堆放和填埋过程中由于发酵、雨水淋刷和地表水、地下水浸泡而渗滤出来的污水。渗滤液成分复杂，其中含有难以生物降解的奈、菲等芳香族化合物、氯代芳香族化合物、磷酸酯、邻苯二甲酸酯、酚类和苯胺类化合物等。渗滤液对地面水的影响会长期存在，即使填埋场封闭后一段时期内仍有影响。渗滤液对地下水也会造成严重污染，主要表现在使地下水水质混浊，有臭味，COD、三氮含量高，油、酚污染严重，大肠菌群超标等。地下和地表水体的污染，必将会对周边地区的环境、经济发展和人民群众生活造成十分严重的影响。

（3）土壤污染

城市生活垃圾中含有大量的玻璃、电池、塑料制品，它们直接进入土壤，会对土壤环境和农作物生长构成严重威胁，使垃圾填埋场占用后的土地大部分成为废地。

12.3.3 技术来源

"好氧生物反应器"来源20世纪末美国研究的"填埋场生物反应器"，该技术是近几十年才出现的垃圾填埋场治理新技术。目的是用科学的方法，使原有的垃圾加速降解，减少或解决垃圾场的环境污染，不仅可以增加垃圾场的使用空间，延长使用寿命，还能大大节省处理垃圾的用地。以前，好氧法被广泛地用于垃圾堆肥、活性淤泥和有机废水的处理，但用于固体垃圾的处理，特别是对填埋垃圾的处理还是一个比较新的理念。

采用好氧生物法进行有机垃圾降解，就是将新鲜空气加压后，用管道注入垃圾深处，同时把垃圾中的CO_2等气体抽出，并对反应物的温度与垃圾气体进行监控，激活垃圾中的微生物再生，创造出一个比较理想的有氧反应环境，使反应达到最佳状态，从而加速有机物的降解，消除有毒有害物质的再生，从而使垃圾场场地重新利用成为可能。这种方法比传统的厌氧降解法提高降解速度30倍以上。治理周期短，一般在1~3年时间内完成厌氧自然降解过程需要50~100年才能完成的垃圾降解稳定化历程。

好氧生物反应器技术可被广泛应用在有垫层或无垫层的正规或非正规垃圾填埋场上，使用于封场后或正在运行的垃圾填埋场。美国环保署和其他机构公认"好氧反应处理提高分解速率，减少有害和有气味气体的释放，并且提高渗滤液的品质。这些优点对改造填埋场、减少污染具有重大的意义。"

通过对垃圾简易填埋场进行好氧生态修复，2年确保堆体有机质含量、场区空气质量、填埋气体浓度、堆体沉降指标达到《生活垃圾填埋场稳定化场地利用技术要求》规定的"中度利用"要求。

12.3.4 技术效益

1. 环境效益

垃圾填埋场封场生态修复工程的实施将极大地改善填埋场及其周边的环境状况，带来良好的环境效益：一方面，该工程彻底消除垃圾长期堆填可能造成的环境污染和对周边环境的影响，消除环境与安全隐患；另一方面，该工程对治理后的场地进行绿化或园林建设等合理开发利用，将在治理污染之后产生显著的环境改善效应，有利于创造一个更加清洁、卫生的城市，有利于创造一个更加优美的工作和生活环境，有利于人民群众的身体健康。

2. 社会效益

该方案的实施在对环境状况进行改善的同时，还将带来极大的社会效益。

第一，垃圾填埋场产生的沼气影响周边居民的生活，渗滤液污染水体，我们通过治理能够根除填埋场的恶臭，彻底解决渗滤液问题，让大家呼吸新鲜的空气，饮用干净的水源，社会效益不言而喻。

第二，它将缓解城市环境卫生状况。

第三，垃圾填埋场采取生态修复治理后，将主要用于公园的建设，作为永久性公园长期存在，为市民提供一个新的大型休闲娱乐场所，在改善城市环境的同时也使广大市民得到更多的实惠。

第四，优美的环境也将创造一个良好的投资和旅游环境，它对进一步扩大招商引资，促进经济可持续发展有着重要的意义。

3. 经济效益

垃圾填埋场生态修复治理后用于公园建设，其不产生直接的经济效益，但其间接经济效益不可被轻视。

第一，垃圾填埋场经过修复治理后，即可在较短时间内实现综合开发利用，

它将需要20年以上的稳定化过程缩短至2年时间，可大大节约长期维护管理的费用。

第二，垃圾填埋场采取好氧降解快速稳定技术进行修复治理，它是减少温室气体排放的措施之一，以色列的Taibee填埋场，CO_2减排量（可实现CO_2减排14万吨）已获得《联合国气候变化框架公约》许可上市交易。因此，垃圾填埋场治理后，可以减少CO_2排放量，这在全球范围内节能减排的大背景下，有着非常积极的经济意义。

第三，治理后的填埋场土地由于污染和安全的问题已被彻底解除，且符合国家关于可持续发展的战略方针。

第四，该场地治理并建设公园等设施后，将显著改善场地四周的环境条件，将会显著提升周边土地的利用价值，提升区域土地资源整体利用效果。

综上所述，本项目建设具有显著的经济、社会和环境效益，对城市建设与管理发展具有十分重要的意义。

12.4 应用实例

12.4.1 实施背景

金口垃圾填埋场位于武汉市张公堤城市公园西段，1998年为解决汉口地区的垃圾出路而兴建，日处理垃圾2000余吨，是当时武汉最大的垃圾填埋场，长年的垃圾掩埋让这片土壤中积聚了大量的重金属、水质污染物。由于城市快速发展，垃圾场严重影响周边居民的生活，市政府决定提前关闭金口垃圾填埋场。金口垃圾场累计填埋垃圾量约为503万立方米，2005年6月，这座当时武汉最大的垃圾填埋场提前"退役"。关闭后，这里依然臭气刺鼻，成为周边居民投诉的焦点。

12.4.2 治理前的概况

金口垃圾填埋场被关闭后，由于该场建设年代较为久远，建设标准和设施配套水平均较低，防渗方式为天然粘土层防渗，填埋沼气采取沼气井导出直接排空，垃圾渗滤液收集后经过简单处理后排入市政污水管网，场区内污水处理系统已基本失去功能，填埋区域建有沼气井约100座，部分沼气井已损毁，填埋场严重影响周边环境。

场地污染物主要为垃圾层有机质含量较高，有机质含量在7%~10%，污染成分主要为NH_3-N氮化物与氯化物污染；填埋区内甲烷浓度较高，甲烷浓度为4.3%~62.6%。

12.4.3 系统结构

我们前面提到，好氧生态修复技术系统主要由气体系统、液体系统、监测系统、控制系统、动力及辅助系统5部分组成。

1. 气体系统

气体系统包括注气/抽气系统和气体净化系统，也是该技术的核心系统。气体系统是指为了实现垃圾填埋场的好氧修复，向垃圾堆体中注入空气，并将反应生成的垃圾填埋气体抽取出来，处理达标后再排入大气中，从而保证正常的好氧修复工艺和物质循环的系统。

清洁空气经注气风机加压进入配气站，并分配到各二级管道中，最终注入到垃圾堆体。空气加压后温度升高，需经常换热器降温。

堆体内的气体经过气水分离后进入抽气风机，由风机抽吸至气体净化器进行洗涤、消除异味，最终排放至大气。

抽气、注气管道设置流量计和压力表，现场显示瞬时流量、累积流量以及气压，并将信号远传至中控室的上位机中。

此外，为了实时监测垃圾堆体内气体浓度，监测井中布设气体采样管，并通过AEMS分析气体成分及浓度，为抽气、注气设备运行提供数据支持。气体成分及浓度监测数据远传至中控室的上位机。

气体系统工艺流程如图12-3所示。

气体系统设备如图12-4所示。

（1）抽气/注气子系统

注气子系统的作用是通过注气风机将空气通过管路注入到注气井中，以提高垃圾堆体的含氧量，保证好氧修复正常进行并加速堆体的降解。抽气/注气子系统风机设备如图12-5所示。

抽气子系统的作用是抽取好氧反应过程中生成的垃圾填埋气和未参与反应或过量的空气。

压力监测 ⟶
流量监测 ⟶

压力监测
流量监测

注气站 → 抽气站 ⟶ 气体净化系统 ⟶ 达标排放
新鲜空气 填埋气体 冷凝液 ⟶ 冷凝液井

注气井 抽气井

渗滤液收集池
回灌

修复中的垃圾堆体

温度监测 ⟶   ⟵ 湿度监测

图12-3　气体系统工艺流程

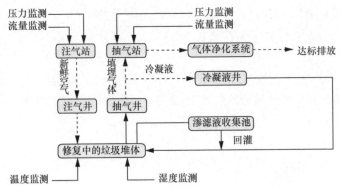

图12-4　气体系统设备区

图12-5　抽气/注气子系统风机设备

两者相结合组成一个空气循环系统。

为了防止管道积水、堵塞，抽气/注气子系统可根据工作情况相互切换使用。

抽气、注气井是气体进出填埋场堆体的通气口，井内设有抽/注气三级管道、温湿度监测套管。其中，注气井设1根注气管道，抽气井设1根注气管道、1根温度检测套管。抽气/注气子系统管路如图12-6所示。

图12-6 抽气/注气子系统管路

此外，为了对垃圾堆体内部进行检测，填埋场区设置综合监测井，井内设1根温湿度监测套管、1根气体采样套管。

（2）气体净化子系统

抽气子系统抽出来的混合气体，通过风机被送至气体净化系统处理。气体净化系统主体为多级填料湿式净化塔，混合气体在塔内经过喷淋洗涤、降尘、降温和脱水后排入下一级处理单元。塔内脱水填料层是净化塔的核心组成部分，它起到分离气液的作用，同时还可以拦截废气中的粉尘、颗粒物和絮状物。多级填料湿式净化塔为圆形塔体，由贮液箱、水泵、填料层、喷淋段、进风段、布气层、支撑层、脱水填料层、出风段和排水系统等组成。

经多级预处理后的混合气体，可能存在臭味污染问题。本工艺采用把异味控制器安装在多级填料湿式净装置出口和烟囱之间的管路中的办法，异味控制器内的粒子为天然植物脱臭分子，该粒子通过分子间非极性相互作用与臭气分子发生非共价结合大大稳定该类分子，降低其活性与刺激性，从而达到彻底去除臭味的效果。经异味控制器处理后的混合气体通过离心风机引高至15m进行高空排放。气体净化子系统工艺流程如图12-7所示。

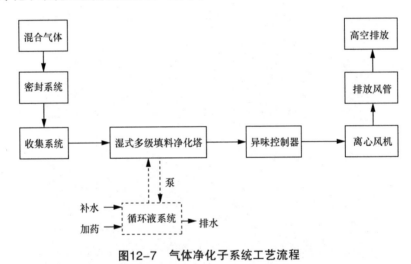

图12-7　气体净化子系统工艺流程

2. 液体系统

液体系统包括渗滤液收集和回灌系统。垃圾堆体内产生的渗滤液通过潜污泵抽吸至收集池中，经过药剂调理达到回灌使用条件，再用输送泵回灌到垃圾堆体中，降低渗滤液外排处理负荷和费用。

既要避免开挖垃圾时恶臭肆逸，又要保证渗滤液自然收集，收集井采用竖向收集形式，四周钻梅花孔，包裹长丝土工布，通过浮球液位开关，控制潜污泵定期抽排渗滤液至收集池存储。渗滤液收集井如图12-8所示。

图12-8 渗滤液收集井

渗滤液经过pH值调理后，达到回灌要求，经过泵输送至垃圾堆体内。末端管道采用横井方式布设在垃圾堆体浅层，管道四周采用碎石填充，横井管道底部开梅花孔，让渗滤液以滴灌、渗流方式均匀回灌。药剂调理罐如图12-9所示。

图12-9 药剂调理罐

3. 监测系统

使用先进的专用监测仪器监测分析垃圾堆体的温度、湿度、气体成分（LFG，包括CO_2、CH_4、O_2、H_2S等）和气体液体流量，并提供至中控室。

温湿度监测子系统：我们将温湿度探头置入钻井中，根据垃圾堆体深度按上、中、下位置布设探头，经过数据采集器以GPS无线方式传输至中控室，实现

实时、在线监控。

气体监测子系统：我们在综合监测井内敷设气体采样管道，将气体引至集中的气体监测分析仪，并得到垃圾堆体内气体成分和浓度。采样频率可以设置，采集数据可以上传至控制室。气体监测分析仪如图12-10所示。

图12-10　气体监测分析仪

沉降监测子系统：我们在修复区中间隔25m均匀布置沉降观测点，定期测量沉降数据，我们通过沉降趋势可以判定垃圾堆体的稳定性。

4.控制系统

控制系统是好氧修复运行管理的核心。所有的监测信息和参数被及时地记录下来，这些获取的数据被专用软件进行分析和运算，然后根据预设条件，得出最佳设备和设施运行参数，并由自动控制系统自动调节设备和设施。

控制系统处理的主要监测数据包括监测系统所检测的全部项目，如垃圾填埋场的温度、湿度、垃圾填埋气产量及主要气体成分（CO_2、CH_4、O_2、CO、H_2S等）。

控制系统主要控制的设备和设施及参数包括渗滤液的注入量和注入速率、渗滤液的抽取量和抽取速率、渗滤液的正常存储量、空气注入系统注入空气的量和压力、空气抽取和排放系统抽取空气的量和压力等。

根据监测系统提供的数据，智能控制功能设备、气体净化器、渗滤液泵，以实现最佳运行效果。

控制系统主要由风机、泵等设备的控制系统组成。

潜污泵置于渗滤液收集井中，它通过控制浮球液位，可以现场手动操作控制及自动控制两种方式。

阀门转换器,根据工艺控制需要,需要定期切换抽气/注气管路,通过现场手动控制箱及远程中控室画面控制电动蝶阀组切换工作状态,实现管线切换功能。

风机系统是好氧生态修复的主要工艺设备,该设备用电负荷大,采用现场就地控制及远程中控两种方式,变频调控风机的转速,控制抽气注气的风量。

高度的自动化控制,不但减轻了工作人员的工作量,而且管理工作轻松便捷、扁平化,提高了工作效率,节约了运行成本。

5. 动力及辅助系统

动力及辅助系统对整个系统提供动力和辅助功能,以保障整个系统的正常、稳定运行。

12.4.4 实施效果

1. 有机质含量

垃圾中有机质含量由修复前的12.40%~13.38%下降至修复后的9.07%~ 10.23%,为垃圾稳定创造了必要的条件。垃圾有机质平均降解趋势如图12-11所示。

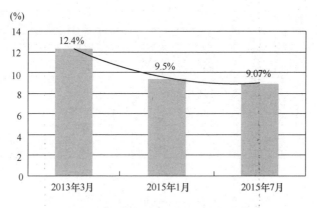

图12-11 垃圾有机质平均降解趋势

2. 甲烷(CH$_4$)浓度

CH$_4$浓度平均值由修复前的11.3%~32.7%下降至修复后的0.6%~1.0%,CH$_4$浓度最高值由修复前的50.2%~60.6%下降至修复后的2.7%~3.6%,经修复后有效地控制气体中的CO$_2$、CO、H$_2$S等气体浓度,同时提高了气体中O$_2$的浓度,大大改善了空气质量。气体浓度平均降解趋势如图12-12所示。

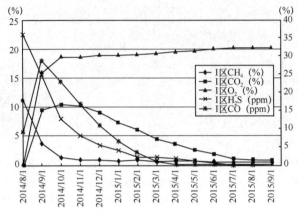

图12-12　气体浓度平均降解趋势

3. 地面沉降

　　垃圾堆体修复前地面沉降未达到稳定，修复过程中累积沉降51.73cm，修复后，垃圾堆体基本趋于稳定，为用作公园等建设场地提供了条件。地面沉降趋势如图12-13所示。

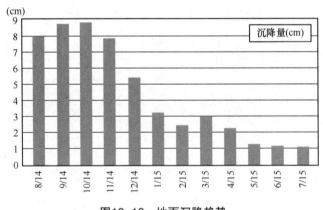

图12-13　地面沉降趋势

　　金口垃圾填埋场治理前后数据对比见表12-2。

表12-2　金口垃圾填埋场治理前后数据对比

序号	项目	修复前	修复后
1	有机质含量	12.40% ~ 13.38%	9.07% ~ 10.23%
2	CH_4浓度平均值	11.3% ~ 32.7%	0.6% ~ 1.0%

（续表）

序号	项目	修复前	修复后
3	CH₄浓度最高值	50.2%～60.6%	2.7%～3.6%
4	地面沉降	未稳定，修复中累积沉降51.73cm	趋于稳定
5	渗滤液COD	2327.3mg/L～3034.2mg/L	248.2mg/L～453.9mg/L
6	渗滤液BOD	1065.2mg/L～2271.6mg/L	124.6mg/L～197.1mg/L

通过好氧生态修复技术对武汉金口垃圾填埋场修复治理2年后，该垃圾场的堆体有机质含量、场区空气质量、填埋气体浓度、堆体沉降指标均达到《生活垃圾填埋场稳定化场地利用技术要求》规定的"中度利用"要求。

填埋场场地利用标准见表12-3。

表12-3 填埋场场地利用标准

项目	低度利用	中度利用	高度利用
利用方式	人与场地非长期接触，主要包括草地、林地、农地等	人与场地不定期接触，主要包括小公园、运动场、运动型公园、野生动物园、游乐场、高尔夫球场等	人与场地长期接触，主要包括学校、办公区、工业区、住宅区等
利用范围	草地、农地、森林	公园	一般仓储或工业厂房
封场年限/（年）	较短，≥3	稍长，≥5	长，≥10
填埋场有机质含量	稍高，<20%	较低，<16%	低，<9%
地表水水质	满足GB3838相关要求	满足GB3838相关要求	满足GB3838相关要求
堆体中填埋气	不影响植物生长甲烷浓度≤5%	甲烷浓度5%～1%	CH₄浓度<1%CO₂浓度<1.5%
场地区域大气质量	/	达到GB3095三级标准	达到GB3095三级标准
恶臭指标	/	达到GB14554三级标准	达到GB14554三级标准
堆体沉降	大，>35cm/年	不均匀，（10～30）cm/年	小，（1～5）cm/年
植被恢复	恢复初期（以草本植物生长为主）	恢复中期（出现了乔灌木植物）	恢复后期（植物生长旺盛，包括各类草本、花卉、乔木、灌木等）

　　金口垃圾填埋场过去是一片废弃的土地，上面杂草丛生，可见塑料、布袋、橡胶等垃圾，垃圾场内有绿色的污水，顺着小沟渠流向低洼地带，并散发阵阵腥臭味。

　　金口垃圾填埋场周边有近10个楼盘，周边居民约10万余人。垃圾场里垃圾堆成山，周边居民经常可闻到阵阵臭味，严重影响到了居民的正常生活。

　　金口垃圾填埋场经修复后极大改善垃圾填埋场及其周边的环境状况，彻底消除垃圾长期堆填可能给周边居民造成的环境污染和安全隐患。

　　金口垃圾填埋场项目已于2014年7月通过竣工验收，各项指标均已达到合格标准，并在修复完成的项目上成功举办第十届中国（武汉）国际园林博览会。这一项目让武汉市从巴黎捧回"C40城市气候领袖奖"的"最佳固体废物治理奖"。金口垃圾填埋场修复前与修复后的对比如图12-14与图12-15所示。

图12-14　修复前

图12-15　修复后

金口垃圾填埋场经好氧生态修复技术治理后，由昔日脏乱不堪、路人掩鼻而过的垃圾场，已经变成了景色秀美的城市景观。

第13章

PC产品在海绵城市中
的发展及应用

13.1　公司简介

本PC产品在海绵城市的应用是由瑞图生态股份公司提供的。

瑞图生态股份公司以北京瑞图科技发展有限公司和瑞图明盛环保建材（昌江）有限公司为核心企业，专注于固体废弃物资源化综合利用、城市生态化建设产业和治理与修复事业，下属西安研发中心、固安生产基地、云南公司、山东公司、江苏新沂公司、北美公司、印度公司、瑞图建设公司等机构，在非洲、中东等地设立办事处。

基于对市场的认识，结合瑞图优势，我们提出并实施固体废弃物资源化综合处理和城市生态化建设的一站式生态解决方案，通过先进的现代化装备，采用世界先进的工艺技术，开发生产满足市场需求、基于固体废弃物综合利用的各种新型材料、光伏屋顶材料，并提供海绵城市生态化建设解决方案，形成一个新的循环经济全产业链。

北京瑞图科技发展有限公司（以下简称北京瑞图）成立于1999年，为国家级高新技术企业，下设西安研发中心、固安瑞图机械制造有限公司（生产基地）、瑞图市政工程公司。北京瑞图公司是一家集研发、制造、经营为一体的固体废弃物资源化装备和整体方案解决的供应商。

瑞图明盛环保建材（昌江）有限公司（以下简称海南瑞图）成立于2011年，位于海南昌江国家循环经济产业园，为海南重点工程。海南瑞图是一家以当地工业固体废弃物（铁尾矿）为主要原料、通过北京瑞图的大型全自动装备和技术、开发并生产各种新型建筑材料的企业，市场覆盖建筑、市政、海绵城市建设、城市管廊、园林、水利、公路、铁路等行业。

13.2　海绵城市方案中PC产品简介

PC（Precast Concrete）是预制装配式混凝土结构的简称。作为住宅产业化的一种模式，因其高效、性价比高、节能、环保、降耗等优势而备受青睐。其集彩色混凝土砖和天然大理石、花岗岩优势为一体，符合国家节能减排、可持续发展的战略方针，因此PC产品经过多年发展已被应用于景观新材料市场。

PC产品目前主要应用于商住楼盘小区内园林景观道路、景观墙及景观上应用的各种结构件、商业广场以及市政道路等。它替代传统水泥产品与石材，实现仿石材效果铺装和低成本景观营造，从而达到降本增效的目的，得到了市政部门、广大房地产的认可和青睐。

PC产品具有混凝土的高强度、耐久性、耐磨性、抗冲击性、防结露、防阻燃、不退色等特点，又赋予了材料的色彩艺术特征，多样化的造型为地面工程环境设计提供了更为广阔的选择和创造空间，随着预制技术与工艺的不断完善，PC产品逐步成为工程行业发展的一种必然趋势。

PC产品具有如下特点。

（1）性价比高

PC石材产品不但集天然石材的自然、整体感和颜色鲜亮、透水等优点于一体，而且价格仅为同等质量的天然石材的1/2~1/3。

（2）环保、产品永久性

PC产品充分将废弃资源合理利用，减少对紧缺资源的开采和对自然环境的破坏，符合节能减排的国家战略；选用的材料经过精心挑选，经过专门机构检测认定是对人体无辐射的，可放心使用。同时，PC产品对面料的科学选用从根本上保证了产品的永续产出。

（3）颜色多样且色泽持久

PC产品不仅可以采用天然石材的本色也可以组成任意颜色，同时不存在褪色的现象，尤其在遇水后色彩效果更佳。

（4）安全防滑

PC产品表面用专用设备和刀具高速打磨，与普通花岗岩铺地砖相比，摆值阻尼比为60:32（PC的摆值为BPN60-80），高出近一倍，能有效地起到防滑作用。

（5）牢固、耐久、易维护、施工方便

PC产品采用13道工序制成，强度可达C40（可承载汽车），同时具有易维护，施工方便等特点。

（6）PC混凝土砖技术参数

抗压强度≥30MPa，抗折强度>4.5MPa，耐磨性<0.05kg/㎡，防滑性>70BPN，面层处理≥20mm，每块地砖误差：砖面至砖底的尺寸偏差<±0.5mm。

13.3　海绵城市概念解析

海绵城市是新一代城市雨洪管理概念，是指城市在适应环境变化和应对雨水带来的自然灾害等方面具有良好的"弹性"，又称"水弹性城市"。国际通用术语为"低影响开发雨水系统构建"。

建设海绵城市，即通过渗、滞、蓄、净、用、排等措施，使城市在下雨时，吸水、蓄水、渗水、净水，缓解城市内涝，补充地下水，调节水循环；干旱缺水时再将蓄存的水"释放"加以利用，缓解城市缺水现状，让城市逐渐回归自然的水文循环。

"海绵城市"所使用的PC材料，表现出优秀的渗水、抗压、耐磨、防滑以及环保美观多彩、舒适易维护和吸音减噪等特点，成了"会呼吸"的城镇景观地面，也有效缓解了城市热岛效应，让城市地面不再发热。

13.4　海绵城市设计理念

建设海绵城市，首先要扭转观念。传统城市建设模式，处处是硬化地面。每逢大雨，主要依靠管渠、泵站等"灰色"设施来排水，以"快速排除"和"末端集中"控制为主要规划设计理念，往往造成逢雨必涝，旱涝急转。根据《海绵城市建设技术指南》，城市建设将强调优先利用植草沟、渗水砖、雨水花园、下沉式绿地等"绿色"措施来组织排水，以"慢排缓释"和"源头分散"控制为主要规划设计理念，既避免了洪涝，又有效地收集了雨水。

13.5 海绵城市配套设施

建设海绵城市就要有"海绵体"。城市"海绵体"既包括河、湖、池塘等水系，也包括绿地、花园、可渗透地面这样的城市配套设施。雨水通过这些"海绵体"下渗、滞蓄、净化、回用，最后剩余部分通过管网、泵站外排，从而可有效提高城市排水系统的标准，缓减城市内涝。

13.6 海绵城市解决方案

13.6.1 海绵城市——渗

由于城市下垫面过硬，到处都是水泥，这改变了原有自然生态本底和水文特征，因此，要加强自然的渗透，把渗透放在第一位。其好处在于，可以避免地表径流，减少从水泥地面、地面汇集到管网里，同时，涵养地下水，补充地下水的不足，还能通过土壤净化水质，改善城市微气候。

1. 透水景观铺装

传统的城市开发中无论是市政公共区域景观铺装还是居住区景观铺装设计中多数采用的都是透水性较低的材料，我们可以通过透水铺装实现雨水渗透，或通过水渠和沟槽将雨水引流至街道附近的滞留设施中。

2. 透水道路铺装

传统城市开发建设中道路占据了城市面积的10%~25%，而传统的道路铺装材料也是导致雨水渗透性差的重要原因之一，除了景观铺装方面可以通过透水铺装实现雨水渗透之外，还可以将园区道路、居住区道路、停车场铺装材料改为透水

材料,加大雨水渗透量,减少地表径流,渗透的雨水储蓄在地下储蓄池内经净化排入河道或者补给地下水,减少了直接性雨水对地面冲刷后快速径流排水对于水源的污染。

3.绿色建筑

海绵城市建设措施不仅在于地面,屋顶和屋面雨水的处理也同样重要。在承重、防水和坡度合适的屋面打造绿色屋顶,利于屋面完成雨水的减排和净化。对于不适用绿色屋顶的屋面,也可以通过排水沟、雨水链等方式收集引导雨水进行贮蓄或下渗。

13.6.2 海绵城市——滞

图13-1为海绵城市——滞。滞的主要作用是延缓短时间内形成的雨水径流量。比如,通过透水地面砖让雨水渗下去;通过排水沟、地下排水管道对雨水进行收集并排放处理。城市内的降雨是按分钟计、按小时计的。城市内短历时强降雨,对下垫面产生冲击,形成快速径流,积水攒起来就会导致内涝。因此,"滞"非常重要,可以延缓形成径流的高峰。

图13-1 海绵城市——滞

1.雨水花园

图13-2为雨水花园示意,雨水花园是指在园林绿地中种有树木或灌木的低洼区域,由树皮或地被植物作为覆盖。它通过将雨水滞留下渗来补充地下水

并降低暴雨地表径流的洪峰,还可通过吸附、降解、离子交换和挥发等过程减少污染。其中浅坑部分能够蓄积一定的雨水,延缓雨水汇集的时间,土壤能够增加雨水下渗,缓解地表积水现象。蓄积的雨水能够供给植物,减少绿地的灌溉水量。

图13-2 雨水花园示意

2. 生态滞留区

(1)植草浅沟

植草浅沟示意如图13-3所示,它具有输水功能,还具有一定的截污净化功能。适用于径流量小及人口密度较低的居住区、工业区或商业区、公园、停车场及公共道路两边,它可以代替路边的排水沟或者雨水管渠系统。植草沟沟顶宽0.5~2m,深度0.05~0.25m,边坡(垂直:水平)1:3~1:4,纵向坡0.3%~5%。它可设置在雨水花园、下凹式绿地前作为预防处理。

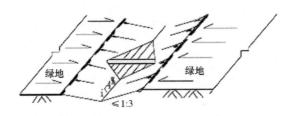

图13-3 植草浅沟示意

（2）雨水塘

雨水塘示意如图13-4所示，它是渗水洼塘即利用天然或人工修筑的池塘或洼地进行雨水渗透，补及地下水，雨水塘能有效地削减径流峰值。但雨水塘护坡需要种植耐湿植物，若雨水塘较深（≥0.6 m)护坡周边就要种植低矮灌木，形成低矮绿篱，消除安全隐患。同时整个雨水塘系统还要形成微循环才能防止水体腐坏。

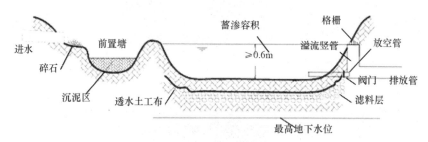

图13-4　雨水塘示意

（3）人工雨水湿地

如图13-5所示，人工雨水湿地是一个综合的生态系统，它应用生态系统中物种共生、物质循环再生原理，结构与功能协调原则，将雨水花园、生态滞留池收集的雨水进行集中的净化。而且其具有缓冲容量大、处理效果好、工艺简单、投资省、运行费用低等特点，极其适合在海绵城市建设中多处应用。

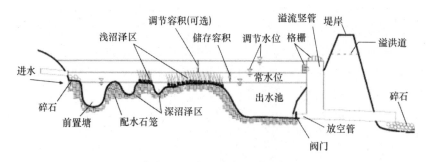

图13-5　人工雨水湿地示意

13.6.3　海绵城市——蓄

如图13-6所示，蓄是把雨水留下来，我们要尊重自然地形地貌，使降雨得到自然散落，原来到湖里的还去湖里，原来到沟渠里的还去沟渠。现在人工建设破坏了自然地形地貌后，降雨就只能汇集到一起，形成积水。因此要把降雨蓄起来，蓄也是为了利用，为了调蓄和错峰，不然短时间内汇集这么多水到一个地方，就形成了内涝。

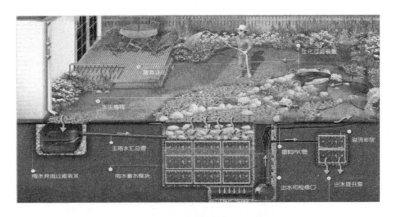

图13-6 海绵城市——蓄

（1）雨水蓄水模块

如图13-7所示，雨水蓄水模块是一种可以用来储存水，但不占空间的新型产品，它具有超强的承压能力，95%的镂空空间可以实现更有效率的蓄水。配合防水布或者土工膜可以完成蓄水、排放，同时还需要在结构内设置好进水管、出水管、水泵位置和检查井。

图13-7 雨水蓄水模块

（2）地下蓄水池

地下蓄水池由水池池体、水池进水沉沙井、水池出水井，高、低位通气帽，水池进、出水水管、水池溢流管、水池曝气系统等几部分组成。

16.3.4　海绵城市——净

净即通过土壤的渗透，通过植被、绿地系统、水体等都对水质产生净化作用。因此，应该蓄起来，经过净化处理，然后回用到城市中。雨水净化系统会根据区域环境不同而设置不同的净化体系，根据城市现状可将区域环境大体分为3类：居住区雨水收集净化、工业区雨水收集净化、市政公共区域雨水收集净化。根据这3种区域环境可设置不同的雨水净化环节，而现阶段较为熟悉的净化过程分为3个雨水净化环节：土壤渗滤净化、人工湿地净化、生物处理。

雨水净化环节

1.雨水净化系统

（1）土壤渗滤净化

大部分雨水在收集时同时进行土壤渗滤净化，并通过穿孔管将收集的雨水排入次级净化池或贮存在渗滤池中。来不及通过土壤渗滤的表层水经过水生植物初步过滤后排入初级净化池中。

（2）人工湿地净化

人工湿地净化分为2个处理过程，一是初级净化池，净化未经土壤渗滤的雨水；二是次级净化池，进一步净化初级净化池排出的雨水，以及经土壤渗滤排出的雨水；经二次净化的雨水排入下游清水池中，或用水泵直接提升到山地贮水池中。初级净化池与次级净化池之间、次级净化池与清水池之间用水泵进行循环。

2.雨水净化系统三大区域环境

（1）居住区雨水收集净化

居住区雨水收集净化过程中由于居住区内建筑面积和绿化面积较大，雨水冲刷过后大量水体可以经生态滞留区、雨水花园、渗透池收集起来经过土壤过滤下渗到模块蓄水池中，相对来说雨水径流量较少。所以利用海绵城市雨水收集系统将雨水惠存、下渗、过滤然后经过生物技术净化之后就可以被大量用于绿化灌溉、冲厕、洗车等方面。

（2）工业区雨水收集净化

工业区有别于居住区，相对来说绿地面积较少，硬质场地和建筑较多，再加上工业产物的影响，所以在海绵城市雨水收集和净化环节就要格外注意下渗雨水的截污环节。经过承载海绵城市原理的园林设施对工业污染物的过滤之后，雨水经过土壤下渗到模块蓄水池，在这个过程中设置截污处理对下渗雨水进行第二次的净化，进入模块蓄水池之后配合生物技术再次净化后被循环利用到冷却水补水、绿化灌溉、混凝土搅拌等方面。

（3）市政公共区域雨水收集净化

市政公共区域雨水收集净化对比前两个区域环境有着不一样的方面，绿地面积大，不同地区山体高程不同所以导致径流量不同，并且河流、湖泊面积较大，所以减缓雨水冲刷对山体表面的冲击破坏和对水源的直接污染是最为重要的问题。就上述问题来讲，市政区域雨水净化在雨水收集方面要考虑生态滞留区和植物缓冲带对山体的维护作用以及对河流、湖泊的过滤作用。在雨水调蓄方面主要使用调蓄池来对下渗雨水进行调蓄，净化后的水一方面用于市政绿化和公厕冲厕，一方面排入河流、湖泊补给水原，解决了水资源短缺的问题。

16.3.5 海绵城市——用

在经过土壤渗滤净化、人工湿地净化、生物处理多层净化之后的雨水要尽可能被利用，不管是丰水地区还是缺水地区，都应该加强对雨水资源的利用。不仅能缓解洪涝灾害，收集的水资源还可以进行利用，如将停车场上面的雨水收集净化后用于洗车等。我们应该通过"渗"涵养，通过"蓄"把水留在原地，再通过净化把水"用"在原地，如图13-8所示。

图13-8 通过净化把水"用"在原地

16.3.6 海绵城市——排

有些城市因为长时间降雨且降雨量大，靠透水铺装无法完全渗透雨水造成大量积水，所以才导致的内涝。这就必须要采取人工措施，通过路边排沟、路边下沉式绿化池、地下管道的分流排水，才能迅速将大量雨水分流、最终将雨水排至河流，如图13-9所示。

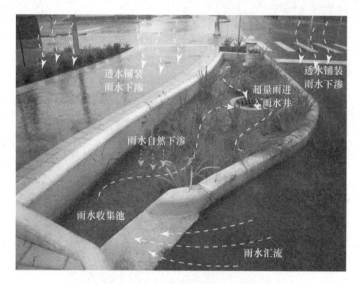

图13-9 海绵城市——排

参 考 文 献

[1] 尹晓远，李红华，杨竞佳. 智慧环保物联网及技术应用示范[C]. 北京：中国环境科学学会学术年会，2012.

[2] 王杨，陈馥. 感知环境智慧环保——哈尔滨市环境保护物联网应用示范工程解读[J]. 黑龙江科技信息. 2012（11）.

[3] 黄冰倩，黄珊，张雅. 物联网技术在智慧环保中的应用. 科学技术创新，2016.

[4] 徐敏，孙海林. 从"数字环保"到"智慧环保"[J]. 环境监测管理与技术，2011，23（4）：5-7.

[5] 张昂然. 物联网技术在智慧环保系统中的应用[Z]. 科研，2016.

[6] 慎晋. 物联网技术背景下环境管理机制创新——以衢州市智慧环保项目为例[Z]. 万方数据，2014. 12.

[7] 张巍，冯涛，朱锐. 智慧环保物联网监控应用与系统集成研究[J]. 环境与发展，2012，27（5）：194-197.

[8] 庄立君. 基于云计算和物联网的智慧环保信息化综合应用[J]. 数字化用户，2017（14）.

[9] 刘旭东. "智慧环保"物联网建设总体框架研究[J]. 淮北职业技术学院学报，2014（1）.

[10] 周海瑞. 璧山进入"智慧环保"时代. 华龙网.2018.

[11] 陈艺虹，于立强. 信息化与环境保护[C]. 优秀学术论文选，2003.

[12] 刘桂芳，卢鹤立. 从数字地球系统看3S技术[J]. 安阳师范学院学报，2005（2）.

[13] 朱京海，徐光等. 无人机遥感系统在环境保护领域中的应用研究[J]. 环境保护与循环经济，2011（9）：45-48.

[14] 赵萌，郑发鸿. 信息技术在环境保护中的应用研究[J]. 安全与环境工程，2007（2）：109-112.

[15] 孟小峰，周龙骧，王珊. 数据库技术发展趋势[J]. 软件学报，2004（12）：74-88.

[16] 孙诗情. 物联网技术在环保监测中的创新应用研究. 城市建设理论研究：电子版，2016（8）.

[17] 严奇、陈鹏、丁晨. 浅谈环保物联网技术应用. 物联网世界，2012.

[18] 刘锐，詹志明，谢涛，姚新，候立涛. 我国"智慧环保"体系建设探讨.

[19] 王文森，韩世鹏. 物联网技术推进GIS在环境监测中的应用[J]. 信息通信，2011（3）：78-79.

[20] 陈天瑜，欧阳卫华，夏光耀. 物联网技术在环境管理体系中的应用[J]. 科技创新报，2011（23）：44-45.

[21] 朱琦，尚屹. 环境保护业务管理的信息化应用[J]. 环境保护，2010（6）：45-47.

[22] 邵龙美. 浅谈新时期我国的环保信息化建设[J]. 信息技术，2014（30）.

[23] 张海彬，张东平. 突发性环境污染事故预警系统的探讨[J]. 污染防治技术，2007.20（1）：60-62.

[24] 环境保护部环境应急指挥领导小组办公室. 环境应急管理概论[M]. 北京：中国环境科学出版社，2011.

[25] 蒋中伟，刘冬梅，吴烈善. 环境应急管理数字化系统建设[J]. 广西科学院学报，2011（2）：164-166.

[26] 张宝春，琚鸿. 数字环保体系及战略意义探讨[J]. 广州环境科学，2002（1）：38-41.

[27] 郭振仁，张剑鸣，李文禧. 突发性环境污染事故防范与应急[M]. 北京：中国环境科学出版社，2006.

[28] 饶清华，曾雨，张江山，等. 突发性环境污染事故预警应急系统研究[J]. 环境污染与防治. 2010（10）：97-100.

[29] 邹逸江. 国外应急管理体系的发展现状及经验启示[J]. 灾害学，2008（1）:96-101.

[30] 杨卫军. 国外典型应急指挥系统建设和软件平台功能模型简介[J]. 警察技术，2007（4）:28-30.

[31] 陈海洋，滕彦国，王金生，等. 环境应急指挥平台研究[J]. 环境科学与技术，2011（7）.

[32] 李虹. 物联网[M]. 北京：人民邮电出版社，2010.

[33] 张铎. 物联网大趋势[M]. 北京：清华大学出版社，2010.

[34] 丁学芳. 物联网技术与应[J]. 电脑知识与技术，2010.

[35] 李一，陈火峰. 关于物联网的研究思考[J]. 价值工程，2010.

[36] 封松林，叶甜养. 物联网/传感网发展之路初探[J]. 中国科学院院刊，2010（01）.

[37] 朱仲英. 传感网与物联网进程与趋势[J]. 微型电脑应用，2010（1）.

[38] 王宝云. 物联网技术研究综述[J]. 电子测量与仪器学报，2009（12）:1-7.

[39] 古丽萍. 对于我国物联网应用与发展的思考[N]. 通信世界周刊，2009.

[40] 刘国庆. 突发环境事件指挥系统的研究与设计. 信息网络安全，2006.

[41] 李云，刘霁. 突发性环境污染事件应急联动系统的构建与研究[J]. 自动化系统，2010.

[42] 陈良博. 突发环境事件应急指挥系统研究[J]. 青海环境，2013.